变着花样吃黄瓜

⊙牛国平 周伟 编著

CNS 湖南科学技术出版社

前言

你喜欢自己动手，创新实践？

你想对黄瓜有一个全面的认识？

你想了解如何吃出黄瓜新花样？

黄瓜一直是餐桌上的"平民"蔬菜，不仅口感清爽，且营养丰富，具有利尿、强健心脏和血管、调节血压、预防心肌过度紧张和动脉粥样硬化的功效。

这是一本专写黄瓜的美食书籍，喜欢健康美味的您千万不能错过。通过这本书，您不仅能了解很多关于黄瓜的历史、营养价值、保健功效，更重要的是能了解到如何变着花样吃黄瓜。诚然，黄瓜是很常见的食材，但要很好的实现它的保健功效是有许多注意事项的，对于这些，我们将详细地一一为你解答。

本书简单易懂，图文并茂，让您轻轻松松就能在家现学现用，变着花样、酱汁、素菜、荤菜、靓汤、面食、米饭和饮品共140多道，简单的黄瓜也能吃多样的美味。

有了这本《变着花样吃黄瓜》，亲自动手来见证自己的指间魔法，吃出多样的黄瓜佳肴。你还在等什么，翻开下一页，让我们开始"变着花样吃黄瓜"的旅程吧！

目 录

第三章　变着花样吃黄瓜　9

第一章　大话黄瓜那些事

第一节　大话黄瓜之传奇

某天，我在教孙女认字，指着图片说："这是黄瓜。"孙女抬起头瞪着眼说："爷爷，你说错了，这明明是绿瓜，怎么教我念黄瓜呀！"孙女的这句话我整理后虽在某报《稚子妙语》小栏目里发表了，但孙女这个疑问还没能回答上来，只好查手头的烹饪书籍，才终于找到了答案。

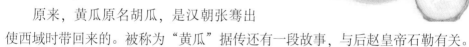

原来，黄瓜原名胡瓜，是汉朝张骞出使西域时带回来的。被称为"黄瓜"据传还有一段故事，与后赵皇帝石勒有关。

西晋时期，"五胡"之一的羯族首领石勒，带兵一举打进了中原腹地，在现今河北邢台建立了襄国。石勒一心想永远统治中原，便下令不准臣民把羯族人叫"胡人"，也不准把羯人带来的物品叫"胡什么"，"胡瓜"也在被禁之列。

一次，石勒大宴群臣，汉人郡守樊坦也在被宴请之列。席间，看着餐桌上摆放的一条条翠绿的"胡瓜"，石勒故意问他："桌上所摆为何物？"樊坦才智过人，深知其用意，从容答道："此乃紫案佳肴，银杯绿菜，金博甘露，玉盘黄瓜也。"石勒听完非常满意，满座亦无不称绝。酒筵气氛异常热烈，君臣开怀畅饮，整个酒筵举办得有声有色有趣。这可以算是历史上第一个"黄瓜宴"了。据说从那时起，"胡瓜"便改名为"黄瓜"，并在民间广泛流传。

后来，黄瓜又增添了新名"王瓜"、"白露黄瓜"、"刺瓜"、"勒瓜"、"青瓜"等，产地也遍及全国。黄瓜分夏秋两季成熟，种类很多，有地黄瓜、架黄瓜等，如今黄瓜已成为主要的温室产品之一，常年均有供应。

第二节 黄瓜小常识

现在，一年四季，我们都可以在市场上、水果店看到黄瓜的身影，长相各异，可谓燕瘦环肥，那么如何挑选到好的黄瓜呢？挑选之后黄瓜的保存之法又有什么讲究呢？

一、黄瓜选购要点

市场上出售黄瓜的品种有带刺的和不带刺的，有个大的和个小的。那么，什么样的黄瓜最为新鲜呢？选购黄瓜时，顶花带刺是大家判断黄瓜新鲜的标志，实际上这是一种误区。

据专业人士，从蔬菜栽培学来讲，黄瓜长到商品成熟期时，黄瓜的花会干，在采摘、运输和销售的过程中，花很容易脱落。若个头大顶花是鲜花还没有蔫，反而是不正常的，多是使用激素的黄瓜。这种黄瓜最好不要买。此外，选购黄瓜还要掌握以下要点：

一看，瓜把一头采摘伤口要新鲜，皮色鲜绿，瓜形端正略弯，黄瓜顶花是干花，把小，无大肚、无瘦尖现象。

二尝，肉质脆、瓤酥、皮薄肉厚、清香微甜无苦味，水分足。

三折，用手捏住两端对折即断，有脆响声。

四辨，如瓜面无光泽、硬棒，但瓜的脐部还有些软，是把变软的黄瓜浸在水里泡硬的，注意识别。

二、黄瓜保存妙法

精心挑选回来的黄瓜一时吃不完，我们就需要用最好的方法将其保存起来，以便下次吃的时候还是新鲜如初。因为黄瓜不宜长期存放，短期贮存可放在 1℃～3℃，湿度稍大的环境中。也可将黄瓜用保鲜膜包裹住，置于阴凉，或冰箱冷藏室，保持水分充足。

因为水分过多黄瓜也容易软掉，故发现袋内有水滴，应及时擦干。

如果家里拥有大量的黄瓜时，选用塑料食品袋，将刚摘下或买到的鲜嫩、无伤害的黄瓜，装入塑料袋中，每袋1000～1500克，松扎袋口，放在室内冷凉处或冰箱内，夏季可贮藏3～5天；冬季室内温度偏低时，可贮藏5～15天。

三、黄瓜的使用妙招

大多数人买来黄瓜后，一般都是用于做菜，或切丝，或清炒，或直接生吃，当然，也有人将黄瓜切片，做成黄瓜面膜用于美容。但在使用的过程中，黄瓜中的营养元素真的能最大发挥出来吗？也许，黄瓜的作用并不这么大，其实不然，黄瓜的功效往往在你的不经意间就流失的所剩无几了。流失的原因不仅仅在于搭配，也在于你对黄瓜的使用方法，可以看看下面几种对黄瓜的使用小知识。

1. 生吃黄瓜要去皮。很多人都认为生吃黄瓜不要去皮，这样吃起来更加营养，但去皮的黄瓜比没有去皮的黄瓜更加健康营养。很多菜的表面都会带有农药残渣，简单的用清水清洗并不能完全的去除掉有害物质。此外，去皮后的黄瓜更加鲜嫩爽口，营养价值也很丰富。

2. 不要把黄瓜的首尾全部去掉。众所周知，黄瓜的首尾都是很苦的，许多家庭主妇都会很把首尾去掉。黄瓜的首尾含有较多的苦味素，但这些苦味素可刺激消化液的分泌，产生大量消化酶，可以使人胃口大开，在做菜的时候不妨留一点。

3. 黄瓜可缓解宿醉。宿醉时候的人大多会头疼，而且口干舌燥、手脚发热，而黄瓜具有有清热的功效，黄瓜榨成汁，其中含有的的矿物质成分能够消除酒精中毒的症状。

4. 黄瓜可消除夏季脚发热。夏季的时候，很多人都会手脚发热，尤其是晚上，难以入眠。用黄瓜切片可以有效地清除脚热，有助于安眠。

第一节　黄瓜营养小档案

○ 一、营养小档案

黄瓜富含蛋白质、钙、磷、铁、钾、胡萝卜素、维生素 B_2、维生素 C、维生素 E 及烟酸等营养素。据营养科学分析，每 100 克黄瓜含：

热量 63 千焦。

膳食纤维 0.5 克。

三大营养素：蛋白质 0.8 克，脂肪 0.2 克，碳水化合物 2.9 克。

矿物质：钙 24 毫克，铁 0.5 毫克，磷 24 毫克，钾 102 毫克，钠 4.9 毫克，镁 15 毫克，锰 0.06 毫克。锌 0.18 毫克，铜 0.05 毫克，硒 0.38 微克。

维生素：维生素 B_1 0.02 毫克，维生素 B_2 0.03 毫克，维生素 C 9 毫克，维生素 E 0.46 毫克，胡萝卜素 90 微克，视黄醇当量 15 微克，烟酸 0.2 毫克。

○ 二、黄瓜的保健功效

1. 减肥瘦身

鲜黄瓜中所含的丙醇二酸，可抑制糖类物质转变为脂肪。因此，黄瓜是很好的减肥品。有肥胖倾向并爱吃糖类食品的人，最好同时吃些黄瓜，可抑制糖类的转化和脂肪的积累，达到减肥的目的。但千万记住，饭前和睡觉前吃熟黄瓜，减肥效果最好。

2. 润肤美容

黄瓜是十分有效的天然美容品。据专家研究，鲜黄瓜中所含的黄瓜酶是一种有很强生物活性的生物酶，能有效地促进机体的新陈代谢，扩张皮肤毛细血管，促进血液循环，增强皮肤的氧化还原作用，有令人惊异的润肤美容效果。除了吃黄瓜能美容外，用黄瓜做成面膜也有显著功效。如取 50 克黄瓜磨成泥，与 80 克酸奶混匀，直接敷脸，5 分钟后再用水冲洗干净即可。长时间坚持，皮肤会变得柔嫩白皙。

3. 抗肿瘤

黄瓜中含有的素葫芦 C 具有提高人体免疫功能的作用，可达到抗肿瘤的目的。

4. 防酒精中毒

黄瓜中所含的丙氨酸、精氨酸和谷胺酰胺对肝脏病人，特别是对酒精肝硬化患者有一定辅助治疗作用，可防酒精中毒。

5. 加速新陈代谢

黄瓜含相当多的钾盐。钾盐具有加速血液新陈代谢、排泄体内多余盐分的作用。幼儿吃后能促进肌肉组织的生长发育，成人常食对保持肌肉弹性和防止血管硬化有一定的作用。

6. 消炎止痛

从中医理论来讲，黄瓜有清热解毒的作用，捣碎以后敷到有痱子的地方有止痒消炎的作用。

第二节 黄瓜最营养搭配

黄瓜果肉脆甜多汁，清香可口，富含果酸和生物活性酶，可促进机体代谢。黄瓜虽然营养丰富，科学搭配食用，才更营养健康。

一、黄瓜配木耳

黄瓜中的丙醇二酸能抑制体内糖分转化为脂肪，从而达到减肥的功效。而木耳富含多种营养成分，被誉为"素中之荤"。木耳中的植物胶质，有较强的吸附力，可将残留在人体消化系统中的某些杂质集中吸附，再排出体外，从而起到排毒清肠的作用。二者混吃可达到减肥、滋补强壮、平衡营养之功效。

二、黄瓜配豆腐

豆腐蛋白质含量高，很容易被人体消化吸收，是肠胃消化机能降低人群的理想食物。豆腐性寒，含碳水化合物极少，有润燥平火的作用。搭配性味甘寒的黄瓜食用，具有清热利尿，消炎解表等功效。

三、黄瓜配胡萝卜

胡萝卜含有丰富的胡萝卜素，提高人的食欲和对病菌感染的抵抗力.同时还能补充人体最易失去的维生素 B_2。黄瓜中含有葫芦素 C，具有提高人体免疫功能的作用，特别在强健心脏和血管方面甚有功效。黄瓜配胡萝卜能够强身健体，根据个人喜好，可清炒，可凉拌，也可榨汁制成饮品，美味可口，菜式多样。

第三节 吃黄瓜注意事项

一、黄瓜的正确洗法

有的是将黄瓜在加有盐的水中泡一会再洗，有的是用淘米水清洗，经过专家实验分析，正确的洗黄瓜方法是将黄瓜放在清水中，用刷子反复刷洗表面，然后换清水洗净即可。

二、黄瓜把最营养不可弃

黄瓜把离瓜秧最近，是挂黄瓜的地方，营养优先到达，含水量最低，营养物质含量最多，所以营养价值也相对较高。建议食用黄瓜时最好连把一起吃。

三、黄瓜生吃不宜过多

黄瓜当水果生吃，不宜过多。适用量为每天 100 ～ 200 克。黄瓜中维生素较少，因此常吃黄瓜时应同时吃些其他的蔬果。此外，生吃不洁黄瓜容易感染细菌，影响身体健康。

四、黄瓜食用有宜忌

黄瓜适宜高血压、高脂血、动脉硬化患者及肥胖者食用；适宜嗜酒之人食用。

脾胃虚寒、腹泻便溏、肺寒咳嗽的人不宜食生黄瓜。

寒性痛经及女性月经来潮期间忌食生黄瓜。

有肝病、心血管病、肠胃病以及高血压的人不要吃腌渍黄瓜。

五、黄瓜最好加热食用

黄瓜属凉性食物，成分中97%是水分，能祛除体内余热，具有祛热解毒的作用。传统中医认为，凉性食品不利于血液的流通，会阻碍新陈代谢，从而引发各种疾病。因此，即使是在炎热的夏季，营养专家建议大家把黄瓜加热后食用，不仅能保留其消肿功效，还能改变其凉性性质，避免给大家的身体带来不利的影响。

六、黄瓜不宜与西红柿同食

　　由于黄瓜里含有一种维生素 C 分解酶，这些酶会破坏维生素 C 的吸收。西红柿是典型的含维生素 C 丰富的蔬菜，假如二者一起食用，我们从西红柿中摄取的维生素 C，再被黄瓜中的分解酶破坏，基本就达不到补充养分的效果。因此，从营养角度来讲，需要补充维生素 C 的人最好别把黄瓜与西红柿一起吃。

七、黄瓜不宜与花生同食

　　黄瓜切小丁搭配花生米凉拌成一道小菜，在很多家庭或餐馆的餐桌上都很常见。然而黄瓜和花生搭配是非常不科学的。黄瓜性味甘寒，常用来生食，而花生米多油脂。一般来讲，如果性寒食物与油脂相遇，会增加其滑利之性，可能导致腹泻。所以，肠胃功能不是太好的朋友，最好不要两者同食，即使同食最好不要多食。

第三章　变着花样吃黄瓜

第一节　自己制作黄瓜酱

酸奶黄瓜酱

● 制法：

　　1. 黄瓜洗净，剖为两半，挖去籽瓤，切成绿豆大小的丁。

　　2. 紫洋葱去皮，切末；西红柿去皮，切成小丁。

　　3. 青尖辣椒切粒；鲜薄荷、香菜均切成末。

　　4. 茴香籽入干燥的锅内，以小火焙黄出香，盛于钵内，研成细粉。

　　5. 酸奶入碗，加入所有原料充分调匀即成。

　　酸奶500克，黄瓜250克，紫洋葱、青尖椒、西红柿各50克，鲜薄荷、香菜各10克，茴香籽5克，精盐适量。

特点

　　清香爽滑，酸辣微咸。

● 提示：

　　1. 黄瓜是主料，用量应多一些。

　　2. 洋葱切得碎一点，不要吃出大块的洋葱。

　　3. 喜欢辣味的多加点辣椒。

　　4. 此酱适宜拌制各种沙拉。

炒黄瓜酱

● 制法:

    1. 黄瓜顺长剖开,挖去籽瓤,切成条后,再切成小方丁,纳盆,加入精盐拌匀腌15分钟,滗去水分。

    2. 猪瘦肉、肥膘肉先切成小指粗的条,再切成小方丁。

    3. 坐锅点火,放猪肥瘦肉丁煸炒至八成熟,加入葱花和姜末炒出香味。

    4. 再入稀黄酱炒出酱香味,烹料酒略炒。

    5. 最后加入黄瓜丁,并加少许精盐和白糖调味,续翻炒至酱裹匀原料,出锅即成。

·原料·

    黄瓜250克,猪瘦肉100克,肥膘肉25克,稀黄酱100克,白糖5克,料酒15克葱花、姜末、精盐、色拉油各适量。

● 提示:

    1. 黄瓜内的水分一定要腌出,以突出成品酱干香的特点。

    2. 猪肉丁切忌上浆后炒制,否则,成品口感不干香,也不易存放。

    3. 炒时要不断地翻、推、搅、拌,如锅内汁干,可加入少许猪骨汤或水,以防巴锅。

    4. 调味时加少许白糖,以吃不出甜味为佳。若加的过多,则成味酱爆菜肴了。

特点

    呈深棕色,肉嫩酱香,黄瓜清脆,是一道下饭佳肴。

捞拌黄瓜

原料

黄瓜 300 克，鲜酱油 50 克，白米醋 20 克，冰糖 8 克，蒜瓣、香菜各 5 克，红油 20 克，纯净水 100 克。

特点

凉爽开胃，清香可口。

● 制法：

1. 黄瓜洗净，去皮，用刨皮刀刨成长薄片；蒜瓣切末；香菜择洗净，切小段。

2. 把黄瓜片放在冰水中泡 5 分钟。

3. 冰糖捣碎纳碗，加入纯净水搅至溶化，再放鲜酱油、白米醋和红油调匀成捞拌汁。

4. 将黄瓜片捞起控干水分，堆在窝盘中。

5. 浇上调好的捞拌汁，撒上蒜末和香菜段即成。

● 提示：

1. 黄瓜条泡时不能太长，否则口感发艮。

2. 捞拌汁入冰箱镇凉后食用，口感最佳。

咸蛋黄炒黄瓜条

·原料·

黄瓜 250 克，熟咸蛋黄 50 克，脆浆糊、精盐、味精各适量，色拉油 300 克（约耗 50 克）。

特点

色泽金黄，香酥脆嫩。

● 制法：

1. 黄瓜洗净，切成一字条，用精盐和味精码入味。

2. 熟咸蛋黄放在案板上，用刀压成细泥。

3. 净锅上火，注入色拉油烧至四成热，将黄瓜条挂匀脆糍糊，下入油锅中，炸至色呈金黄且内熟时，捞出沥油。

4. 锅留少许底油，放入咸蛋黄泥，炒至翻大泡时。

5. 下入炸好的黄瓜条，炒至均匀地裹上一层咸蛋黄后起锅，装盘即成。

● 提示：

1. 黄瓜条定要挂匀糊再炸，切不可有裸露面。

2. 炒蛋黄泥时定油不宜多，否则，粘不到黄瓜条上。

雪梨黄瓜夹

·原料·

黄瓜 300 克，雪梨 2 个，浓缩橙汁 50 克，白糖 100 克，姜片 10 克，干辣椒丝 5 克，精盐、红油各适量。

特点

造型美观，酸甜香辣，脆嫩爽口。

● 制法：

1. 黄瓜洗净，切成 5 厘米长、0.3 厘米厚的夹刀片。

2. 雪梨去皮及核，切成 5 厘米长、0.3 厘米厚，同黄瓜一样宽的长方片。

3. 锅内放清水 500 克，放入干辣椒丝、姜片、浓缩橙汁、白糖和精盐，待煮出辣味，熄火晾冷，加红油调匀成味汁。

4. 在每一片黄瓜夹内放一片雪梨，用牙签固定，逐一制完，排在保鲜盒内。

5. 倒入调好的味汁，待浸泡入味，取出装盘即成。

● 提示：

1. 做好的黄瓜夹用牙签固定，保证浸泡后两者不易分离，又便于食用。

2. 味汁需冷后使用，并且浸泡时间不宜太长。

青花牡丹

·原料·

　　黄瓜 500 克，蒜水 75 克，白糖 25 克，白醋 20 克，精盐、味精、香油各适量，心里美萝卜片 1 片。

特点

　　形似牡丹盛开，入口嚼之爽脆，味道酸香脆甜。

● 制法：

　　1. 黄瓜洗净后，用小刀旋成喇叭的形状，纳盆。

　　2. 加入蒜水、白糖、白醋、精盐、味精和香油拌匀腌味。

　　3. 把黄瓜卷略控干水分，依次摆放在盘中成圆形。

　　4. 然后一层一层地往上摆放。

　　5. 最后将心里美萝卜片卷成喇叭形，并摆放在黄瓜卷最上方，即可。

● 提示：

　　1. 旋的黄瓜卷要厚薄均匀，便于同时入味。

　　2. 装盘时要细心，突出牡丹花盛开状。

冰爽酸黄瓜

黄瓜500克，白醋100克，干辣椒15克，精盐10克，茴香苗2棵。

特点

冰凉爽脆，咸酸微辣。

● 制法：

1. 黄瓜洗净，剖为两半，切成滚刀块，纳盆。

2. 加入精盐拌匀，扣上盘子，上压一重物约15分钟。

3. 锅内添约200克水烧开，放入干辣椒煮出辣味，熄火晾冷。

4. 把黄瓜内的汁水滗去，放入茴香苗，倒入辣椒水和白醋。

5. 用保鲜膜封口，入冰箱腌12小时即成。

● 提示：

1. 黄瓜先用盐腌去水分再泡制，口感更脆。

2. 白醋增酸味，用量要够。

金沙脆瓜

特点

色泽金黄，酥脆咸香，吃法新奇。

● 制法：

1. 黄瓜洗净，去皮及瓤，切成 3 厘米长的条，纳碗。

2. 加入精盐、味精和 10 克蒜泥拌匀腌味。

3. 面粉和淀粉入碗，加适量水和 10 克色拉油调匀成脆皮糊。

4. 锅内放油烧至五成热，把黄瓜条先拍粉后挂糊，下油锅内炸透成金黄色，捞出控油。

5. 锅留底油，下姜末炒香，接着下面包糠、葱花和剩余蒜泥炒黄出香，倒入黄瓜条炒匀，装盘上桌。

● 提示：

1. 黄瓜条拍粉后才能均匀挂上糊。

2. 炒制时始终用中火，以避免炒煳而影响风味。

醋熘黄瓜

原料

嫩黄瓜300克，蒜末10克，陈醋、精盐、味精、香油、色拉油各适量。

特点

咸鲜酸香，脆爽可口。

● 制法：

1. 黄瓜洗净，切去两头后，顺长纵剖成两半。

2. 然后刀切面朝下置于案板上，用刀面稍拍，坡刀切成0.3厘米厚的抹刀片。

3. 锅内放色拉油烧热，下蒜末炸黄、倒入黄瓜片翻炒几下。

4. 烹入陈醋，加精盐和味精调好口味。

5. 待黄瓜入味时，淋香油，翻匀装盘。

● 提示：

1. 熘制时间要把握好，太久的话黄瓜会被烧烂，失去脆度。

2. 出锅前尝一下，如果酸味不够，可补加些醋。

脆熘黄瓜

·原料·

嫩黄瓜300克，蒜末10克，精盐、味精、水淀粉、香油、色拉油各适量。

特点

翠绿，清脆，咸鲜。

● 制法：

1. 黄瓜洗净，顺长纵剖成两半，用刀面稍拍，坡刀切成抹刀片，待用。

2. 炒锅上火，放色拉油烧热，下蒜末炸黄。

3. 倒入黄瓜片翻炒几下，掺适量清水。

4. 加精盐、味精调好口味。

5. 待黄瓜入味时，勾水淀粉，淋香油，翻匀装盘。

● 提示：

1. 熘制时间要把握好，太久的话黄瓜会被烧烂，失去脆度。

2. 此菜加热时间要短，味汁应勾浓芡。

爽脆黄瓜圈

原料

黄瓜 500 克，白醋 75 克，白糖 25 克，精盐 5 克，生姜丝 5 克，香油适量。

● 制法：

1. 黄瓜洗净，切去两头，用小刀剜出内瓤。
2. 切成 1 厘米厚的片，纳盆，加入精盐拌匀腌 10 分钟。
3. 锅内添适量清水烧开，放入白糖和白醋调成酸甜味，熄火晾冷。
4. 将黄瓜圈滗去汁水，纳保鲜盆内，倒入酸甜汁拌匀。
5. 加盖入冰箱冷藏泡 1 天，取出装盘。淋香油即成。

特点

冰凉爽脆，酸甜可口。

● 提示：

1. 剜出的黄瓜瓤不要丢弃，可拌制即食。
2. 放在冰箱里泡制，口感更爽口。

鱼香黄瓜

黄瓜 300 克，杏鲍菇 100 克，榨菜 25 克，泡辣椒 20 克，香菜 10 克，蒜瓣 5 克，生姜 3 克，白糖、醋、酱油、香油、**鱼香汁**、色拉油各适量。

〔特点〕

脆爽利口，风味特别。

● 制法：

1. 黄瓜洗净，连皮切成粗丝，堆在盘中。
2. 泡辣椒剁成蓉；香菜洗净，同葱、生姜分别切末；杏鲍菇洗净，同榨菜分别切粒。
3. 锅内放色拉油烧热，炸香姜末和蒜末，下杏鲍菇炒透。
4. 再下泡辣椒蓉炒出红油，加白糖、酱油和醋炒匀。
5. 加香菜末和榨菜末略炒，淋香油、鱼香汁，熄火晾冷，浇在黄瓜丝上即成。

● 提示：

1. 黄瓜不要去皮，切丝也不能太细。
2. 炒好的鱼香汁需晾冷后才可浇在黄瓜上。

酸奶黄瓜沙拉

·原料·

　　黄瓜 300 克，酸奶 200 克，小番茄 6 只，薄荷 5 克，大蒜 2 瓣，精盐 2 克，橄榄油 10 克。

特点

　　黄瓜混在加有橄榄油的酸奶里，有一种独特的风味。

● 制法：

　　1.黄瓜洗净，切去两头，先顺长剖成两半，再用刀拍松，坡刀切成劈柴块。

　　2.小番茄洗净，用沸水略烫，去皮，一切两半；蒜瓣拍松，剁成碎末；薄荷切末。

　　3.黄瓜放在小盆内，加入精盐拌匀腌 5 分钟，沥去汁水，待用。

　　4.黄瓜和蒜瓣拌匀，堆在盘中，周边摆上小番茄。

　　5.酸奶与橄榄油调匀，淋在黄瓜上，最后撒上薄荷末即成。

● 提示：

　　1.黄瓜用盐先腌去一些水分，以避免成菜后出水，稀解酸奶而影响味道。

　　2.酸奶中加橄榄油不要太多。如不喜欢，可不加。

咸鸭蛋黄拌黄瓜

● 制法：

1. 黄瓜洗净，顺长剖为两半，切成小指粗的条。
2. 然后斜刀切成菱形小丁，纳盆。
3. 加入白糖、精盐、香油和鸡精拌匀腌 5 分钟。
4. 咸鸭蛋黄用小勺压成细泥。
5. 放在黄瓜里充分拌匀，装盘即成。

● 提示：

1. 加入白糖既起增甜味，又可去除咸鸭蛋黄的腥味。
2. 夏季食用，加点醋和蒜蓉，味道会更好。

原料

黄瓜 300 克，咸鸭蛋黄 2 个，白糖 10 克，精盐 2 克，鸡精 2 克，香油 10 克。

特点

口感脆嫩，咸鲜微甜。

黑耳黄瓜

·原料·

　　黄瓜 200 克，黑木耳 10 克，精盐、味精、蒜片、香油、色拉油各适量。

特点

　　黄瓜脆，木耳爽，味道鲜。

● 制法：

　　1.黄瓜洗净，顺长剖成两半，刀面向下放案板上，用刀稍拍，用斜刀切成厚片。

　　2.黑木耳用凉水发透，捞起洗净，撕成小片。

　　3.锅内放色拉油烧热，下蒜片爆香，添入适量清水，加精盐和味精调好口味。

　　4.放入黑木耳和黄瓜片，炒至入味。

　　5.勾水淀粉，淋香油，翻匀装盘。

● 提示：

　　1.黄瓜拍松再切厚片，容易入味。

　　2.此菜宜勾浓芡，黄瓜食之才有味道。

皮蛋炒黄瓜

黄瓜200克，皮蛋1个，葱5克，干辣椒3克，精盐、味精、色拉油各适量。

特点

咸鲜，微辣，质脆。

● 制法：

1. 黄瓜洗净，去蒂，剖为两半，切成滚刀块。

2. 皮蛋去壳,切成月牙瓣,干辣椒去蒂,切段；葱切碎花。

3. 坐锅点火，倒入色拉油烧至七成热时，放入葱花和干红辣椒段炒香。

4. 再倒入黄瓜块翻炒一会，加适量清水和精盐，待炒入味。

5. 放入皮蛋和味精炒匀，盛盘即可。

● 提示：

1. 黄瓜不要炒过火，保持质脆。

2. 皮蛋易烂，最后加入。

洋葱炒黄瓜

 原料 ·

　　黄瓜300克，紫皮洋葱半个，生抽15克，精盐、味精、色拉油各适量。

· 特点 ·

　　白绿相间，脆爽味鲜。

● 制法：

　　1. 黄瓜洗净，一剖为二，刀切面朝下置案板上，用刀面稍拍，坡刀切成厚片。

　　2. 洋葱剥皮，用斜刀切片。

　　3. 炒锅上火，注色拉油烧至六成热时，投入洋葱片炒至变软且透明。

　　4. 倒入黄瓜片翻炒至断生。

　　5. 调入生抽、精盐和味精，炒匀装盘。

● 提示：

　　1. 如喜欢洋葱的辣味，炒的时间可短一些。

　　2. 生抽味咸，应加足后再加盐。

辣酱腌黄瓜

嫩黄瓜 500 克,甜面酱、香辣酱各 30 克,精盐 10 克,味精、葱节、姜片各适量,八角 2 颗,色拉油 25 克。

特点

色泽酱红,酱香酸辣,清脆爽口。

● 制法:

1. 黄瓜洗净,纵剖成两半,先切成 4 厘米长的段,再切成 0.5 厘米宽的条。

2. 黄瓜条纳盆,加入精盐拌匀,置阳光下晒至发蔫,沥去汁水。

3. 锅内放色拉油烧热,放葱节、姜片和八角炸香,入甜面酱炒出酱香味,倒在盆内。

4. 加入精盐、味精和白糖调好口味。

5. 最后放入黄瓜条腌 2 小时,即可食用。

● 提示:

1. 黄瓜晒至半干即好。若过干,口感不好;过湿,腌制后容易变质。

2. 辣味和甜味根据自己口味掌握用量。

甜酱腌小黄瓜

• 原料 •

　　小黄瓜 500 克，甜面酱 25 克，白糖 10 克，美极鲜酱油 5 克，精盐、味精、姜末、葱花、色拉油各适量。

特 点

　　咸甜适中，酱香可口。

● 制法：

　　1. 小黄瓜洗净，去蒂后纵切为二，剔去籽瓤。

　　2. 撒少许精盐腌约 5 分钟，沥去汁水。

　　3. 锅内放色拉油烧热，下甜面酱炒出酱香味。

　　4. 加适量清水、姜末、葱花、美极鲜酱油、白糖、精盐和味精熬匀。

　　5. 倒在小盆内晾冷，纳黄瓜浸泡入味即成。

● 提示：

　　1. 先把炒锅烧热再下油，炒面酱时不容易粘锅。

　　2. 酱汁必须晾冷才可纳入黄瓜。否则，会影响其脆度。

鲍汁酱香黄瓜

原料

小黄瓜 500 克，鲍鱼汁 25 克，排骨酱、海鲜酱各 25 克，芝麻酱 10 克，香油、红油各适量，油酥花生仁数粒。

特点

清鲜脆口，酱香浓郁。

● 制法：

1. 将小黄瓜洗净，切成 4 厘米长的段。

2. 然后在一头用小刀剔出籽瓢（不要剔透），依法逐一制完。

3. 排骨酱、海鲜酱、芝麻酱、鲍鱼汁、香油和红油共纳一碗调成酱汁。

4. 用小勺把酱汁舀在去瓢的黄瓜节内。

5. 开口处塞入油酥花生仁，整齐地立在盘中，即成。

● 提示：

1. 要选用粗细均匀、适中的小黄瓜，所切段要长短相等。

2. 酱料要充分调匀，且不能太稀。

椒香小黄瓜

小黄瓜400克，蒜蓉10克，蒜蓉辣酱、柴鱼酱油、白醋、乌醋、精盐、熟芝麻各适量，花椒数粒，香油25克。

特点

水脆利口，椒香味浓。

● 制法：

1. 将小黄瓜洗净，把蒂部皮削去，拍松，切成不规则的块状，纳盆。

2. 加精盐拌匀腌约1个小时，滗去汁水。

3. 把蒜蓉辣酱、柴鱼酱油、白醋和乌醋共纳小盆内调匀，同蒜蓉倒在黄瓜内拌匀。

4. 香油入锅烧热，纳花椒炸香捞出，离火降温后，倒在黄瓜的汤汁内，然后拌匀。

5. 装在保鲜盒内，封口，入冰箱静置3小时左右，取出装盘，撒上熟芝麻即成。

● 提示：

1. 黄瓜先腌去些水分再调味，吃口更脆，但时间勿长。

2. 要把花椒油放在味汁中拌匀后，再与黄瓜拌匀。这样，椒香味才浓。

宫保黄瓜

● 制法：

1. 黄瓜去皮，切成 1.5 厘米见方的丁；水发香菇去蒂，切成小丁，焯水。

2. 黄瓜丁纳碗，加入少许精盐和干淀粉抖匀，再加鸡蛋黄拌匀。

3. 用鲜汤、精盐、味精、酱油、白糖、水淀粉和香油对成碗汁。

4. 锅内放色拉油烧至五成热，下入黄瓜丁炸黄至内透，倒出沥油。

5. 锅留底油烧热，放葱花、蒜末和干辣椒节炸香，入香菇丁略炒，倒入黄瓜丁、花生米和对好的碗汁，快速翻匀，起锅装盘。

● 提示：

1. 黄瓜丁必须裹匀蛋糊再油炸。

2. 味汁紧裹原料，才有汁明芡亮的特点。

麻辣黄瓜条

原料

小黄瓜500克，葱15克，蒜瓣10克，陈醋10克，精盐5克，白糖5克，麻椒、干辣椒各3克，味精2克，香油5克，色拉油30克。

特点

油绿脆爽，麻辣适口。

● 制法：

    1. 小黄瓜洗净，切成筷子粗的条。

    2. 葱、蒜瓣分别切末；干辣椒用湿布擦干净后剪成段。

    3. 起油锅，凉油放入麻椒和干辣椒段，小火炒出红油。

    4. 再放入葱末和蒜末爆出香味。

    5. 放入黄瓜条，加精盐、白糖、陈醋、味精和香油，大火炒匀即可出锅。

● 提示：

    1. 麻椒和干辣椒凉油下锅慢炒，才能完全激发出它们特有的香味。

    2. 不喜欢吃麻椒的可以先捞出来再放黄瓜。

    3. 陈醋一定不能少。

腌酱小黄瓜

• 原料 •

　　小黄瓜 500 克，精盐 25 克，白糖 40 克，干黄酱 40 克，纯净水 60 克。

特点

　　酱香咸鲜，脆嫩爽口。

● 制法：

1. 小黄瓜洗净后沥干水分，纳保鲜盒中。
2. 加入精盐用手搓匀，腌制 5 天，每天翻动 2 次。
3. 滗去腌出的汁水，放入白糖。
4. 干黄酱用纯净水调开，放入小黄瓜中。
5. 搅拌均匀，密封后入冰箱腌制 15 天即成。

● 提示：

　　1. 小黄瓜腌制的前 10 天，一定要翻动，这样才能腌制均匀，不容易变质。

　　2. 腌制 15 天后食用，是为了使亚硝酸盐水平下降到安全范围。

黄瓜火龙果盅

·原料·

　　火龙果1个，黄瓜1根，酸奶75克。

特点

　　形美大方，酸甜凉爽。

● 制法：

　　1. 火龙果洗净，从 2/3 处剖开。

　　2. 取出果肉，切成小方丁。

　　3. 火龙果壳洗净，用盐水泡着，待用。

　　4. 黄瓜洗净，去皮，切成菱形小丁。

　　5. 将火龙果肉丁、黄瓜丁和酸奶拌匀，装入火龙果壳内即成。

● 提示：

　　1. 购买火龙果时应用手感觉，选择越重的越好。

　　2. 原料边吃边与酸奶拌匀。

橙汁翠衣

· 原料 ·

　　小黄瓜 250 克，
橙汁 200 克，白糖 20
克，精盐 3 克。

特 点

　　形似翠衣，冰
脆酸甜。

● 制法：

　　1. 小黄瓜洗净，先切成 10 厘米长的段。

　　2. 再用平刀片成极薄的长片。

　　3. 与精盐拌匀腌 3 分钟，沥去水分。

　　4. 将橙汁和白糖倒入保鲜盒中调匀。

　　5. 放入黄瓜片，用保鲜膜封口，入冰箱冷藏 2 小时即成。

● 提示：

　　1. 选用嫩黄瓜，连皮切片口感好。

　　2. 黄瓜片用盐腌的时间切不可太长，以免失水过多。

酸奶黄瓜凉糕

原料

黄瓜 400 克，酸奶 300 克，白糖 30 克，鱼胶粉 15 克。

特点

白绿分明，凉滑酸甜。

● 制法：

1. 黄瓜洗净，切段，放榨汁机内榨汁，待用。

2. 鱼胶粉纳小碗，倒入热水，放入微波炉加热融化，取出待用。

3. 黄瓜汁加白糖调匀，再加入一半鱼胶粉溶液拌匀。

4. 装入模具，放入冰箱冷藏至凝固。

5. 酸奶加剩余鱼胶粉溶液拌匀，浇入模具中，再入冰箱冷凝，脱模即可。

● 提示：

1. 酸奶也可与黄瓜汁混匀制作。

2. 切忌入冰箱冷冻，否则口感不好。

酸辣蓑衣黄瓜

•原料•

黄瓜2根，干辣椒丝10克，生姜丝5克，精盐5克，白醋、白糖各适量，色拉油25克。

特点

色泽淡红，咸鲜酸辣，脆嫩爽口。

● 制法：

1.黄瓜洗净，放在案板上，用直刀在表面切上深至黄瓜4/5的一字刀纹。

2.将黄瓜翻转180°，再在另一面用斜直刀切上深至4/5的刀纹，与另一面刀纹相交。

3.将改完刀口的黄瓜放在小盆内，撒入精盐拌匀腌10分钟，轻轻压干水分，待用。

4.坐锅点火，注色拉油烧热，下干辣椒丝和生姜丝炸香，加适量水、白糖和白醋调好口味，熄火晾冷。

5.倒在黄瓜内拌匀，置阴凉处腌约半小时即成。

● 提示：

1. 以选用顺直、小嫩黄瓜为佳。

2. 黄瓜要充分腌去水分。

3. 味汁的用量以刚没过黄瓜为好。

鲜奶黄瓜

● 原料 ●

黄瓜300克，鲜牛奶150克，鲜红椒25克，精盐、味精、水淀粉、香油各适量。

特点

色泽白净，奶香咸鲜。

● 制法：

1.黄瓜洗净，剖为两半，刀切面朝下，用交叉刀切成"V"形块。

2.鲜红椒洗净，去除筋络，切菱形块。

3.不锈钢锅上中火，放入鲜牛奶和精盐，沸后下入黄瓜块，加盖烧3分钟。

4.加入红椒块和味精，略烧。

5.勾水淀粉，淋香油，翻匀装盘。

● 提示：

1.加入鲜红椒搭配颜色，用量不宜多。

2.此菜不用底油和香料，突出本味。

蛋黄麻香脆瓜

·原料·

鲜黄瓜2根，咸蛋黄2个，芝麻酱15克，精盐、香油各适量。

特点

形态美观，咸香水脆。

● 制法：

1. 鲜黄瓜洗净，切去两头，用滚刀法片成大片。

2. 随后放在冰水中浸泡至发挺，捞出沥水。

3. 咸蛋黄上笼蒸熟，取出压成细蓉。

4. 芝麻酱入碗，分次加清水调成稀糊状，再加咸蛋黄蓉、精盐、味精和香油调成味汁。

5. 把黄瓜片斜刀切成马蹄段，整齐装在盘中，浇上调好的味汁即成。

● 提示：

1. 片黄瓜时注意力度，中间不要断裂，便于卷曲成形。

2. 黄瓜片用冰水泡过后，口感更爽脆，但泡的时间不要过长。

桂花黄瓜

·原料·

黄瓜250克，鸡蛋3个，水发木耳25克，精盐、味精、葱末、香油、色拉油各适量。

·特点·

色泽黄亮，脆滑咸香。

● 制法：

1. 黄瓜洗净，切成6厘米长、筷子粗的条；水发木耳切丝。

2. 鸡蛋磕入碗内，加少许清水、精盐和味精，用筷子打散，待用。

3. 锅内添水烧开，放入黄瓜条和木耳丝略焯，捞出控水。

4. 锅内放色拉油烧热，下葱末炸香，倒入鸡蛋液，待底面稍凝固时，放入黄瓜条和木耳丝。

5. 随后用筷子快速拌炒，鸡蛋液小颗粒粘在黄瓜条上，淋香油，翻匀装盘。

● 提示：

1. 黄瓜条作焯水处理，使与鸡蛋同时达到成熟要求。

2. 把鸡蛋小颗粒都粘到黄瓜条上才算合乎要求。

黄瓜炒鸡蛋

·原料·

　　黄瓜 300 克，鸡蛋 4 个、葱花、蒜末、精盐、花椒水、料酒、香油、色拉油各适量。

特点

　　黄绿相间，鸡蛋柔嫩，黄瓜脆爽，味道咸香。

● 制法：

　　1. 黄瓜洗净，顺长切成四条，再用坡刀切成厚片。

　　2. 鸡蛋磕入碗内，用筷子打散，待用。

　　3. 锅内放入 20 克色拉油烧热，倒入鸡蛋液炒熟成蛋块，盛出。

　　4. 锅随底油重上火位，先放入葱花和蒜末炸香，再倒入黄瓜块煸炒至色变油绿。

　　5. 加入花椒水和精盐，放入鸡蛋块和味精炒匀，淋香油，出锅装盘。

● 提示：

　　1. 锅要净，油要清，火要小，才能保证炒出的鸡蛋娇黄泛光，色泽雅观。

　　2. 加入花椒水起去腥增香作用，投放量宜少。

三色黄瓜丁

● 制法：

　　1. 黄瓜洗净，顺长切成条，再切成菱形丁。

　　2. 茄子洗净，鲜香菇去蒂，同火腿分别切菱形丁。

　　3. 锅内放水烧开，下入改刀的原料焯透，捞出控水。

　　4. 锅上火，放色拉油烧热，入葱末和蒜末炸香，倒入所有原料煸干水气。

　　5. 烹花椒水，加精盐和味精炒入味，淋水淀粉，翻匀装盘即可。

● 提示：

　　1. 原料定要在热底油中炒干水气，再进行调味。

　　2. 勾芡宜薄，不要成浓稠状。

红果拌黄瓜

黄瓜400克，罐头山楂50克，精盐适量。

特点

脆嫩适口，酸中回甜。

● 制法：

1. 山楂洗净，去蒂去籽，切成小丁。

2. 黄瓜洗净，剖为两半，刀切面朝下，斜刀切成每5刀一断的连刀块。

3. 黄瓜块纳盆，加入精盐拌匀腌10分钟，滗去水分。

4. 加入山楂丁和山楂汁拌匀。

5. 腌约10分钟，装盘上桌。

● 提示：

1. 黄瓜先挤去些水分再调味。

2. 腌制时间要够，让山楂汁渗透到黄瓜里。

银耳拌黄瓜

● 制法：

1. 黄瓜洗净，切成 3 厘米长的段，用小刀顺长在中间划一个 2 厘米的刀口，然后在刀口上下各切一刀，一分为二。

2. 黄瓜块纳盆，加入精盐拌匀腌 15 分钟，挤去水分，待用。

3. 干银耳用冷水泡胀，择去硬蒂，撕成小朵。

4. 把银耳放在黄瓜段内，加入白糖和白醋拌匀。

5. 腌半小时后，取出造型装盘即成。

● 提示：

1. 如嫌黄瓜改刀口费时，直接切成块也可。

2. 控制好糖和醋的用量，使酸甜味可口。

炝辣味黄瓜

黄瓜 400 克,红尖椒 1 只,干辣椒 5 克,蒜蓉 5 克,精盐、味精、香醋各适量,花椒数粒,色拉油 25 克。

特点

筋道,香辣,利口。

● 制法:

1. 黄瓜洗净,剖为两半,刀切面朝下,直刀切成每 5 刀一断的连刀块;红尖椒洗净,切菱形片;干辣椒切短节。

2. 黄瓜块和红椒片纳盆,加入精盐拌匀腌 10 分钟,挤去水分。

3. 再加味精和香醋拌匀。

4. 锅内放色拉油烧热,下花椒炸煳捞出,投入蒜蓉和干辣椒节炸香,连油倒在有黄瓜的小盆内。

5. 拌匀,扣上盘子静置约 5 分钟,装盘即成。

● 提示:

1. 黄瓜先用盐杀出些水再调味,口感更脆。

2. 炸干辣椒时要用低油温,以防炸煳。

黄瓜炒臭干

特点

咸香微辣，风味特别。

● 制法：

1. 小黄瓜洗净，切成 1 厘米菱形丁；杭椒洗净去蒂，切成小节；蒜瓣切末。
2. 臭干子放在开水中汆透，捞出沥水，切成小丁。
3. 炒锅上火，放色拉油烧热，炸香蒜末，下杭椒节炒香。
4. 下黄瓜丁和臭干子丁炒透。
5. 加入蚕豆酱炒匀，调入精盐和味精，淋香油，装盘上桌。

● 提示：

1. 如爱吃浓香型的，就将臭干子过热油后再行炒制。
2. 黄瓜和杭椒加热时间不要过长，以免失去翠绿的色泽和清脆的质感。

酸梅黄瓜珠

原料

小黄瓜 500 克，酸梅 25 克，白糖 40 克，白醋 10 克，精盐 3 克。

特点

色泽紫红，酸甜脆爽。

● 制法：

1. 黄瓜洗净，横着切成算盘珠形，纳盆。
2. 加入精盐拌匀腌 5 分钟，挤去水分。
3. 净锅上火，掺入清水 500 克烧开，放入酸梅煮出酸味，倒在保鲜盒内。
4. 再加入白糖和白醋，搅匀晾凉。
5. 放入黄瓜球，浸泡至入味，即可食用。

● 提示：

1. 如选用的是粗大的黄瓜，可用勺口刀挖成球状。
2. 此菜冰镇后食用，风味更佳。

黄瓜拌桃仁

原料

黄瓜 300 克，清水核桃仁 50 克,精盐、味精、色拉油各适量。

特点

白绿相间，清脆咸香。

● 制法：

1. 黄瓜洗净，切成 1.5 厘米见方的小丁。
2. 清水核桃仁放入开水中焯透，过凉控水。
3. 黄瓜丁放在小盆内，加入精盐拌匀腌 5 分钟。
4. 沥去水分，加入精盐、味精和香油。
5. 拌匀装盘，上桌食用。

● 提示：

1. 必须选用鲜嫩的小黄瓜。
2. 清水核桃仁有防腐味，必须作焯水处理。

韩式拌黄瓜

● 原料 ●

黄瓜 300 克，蒜瓣 10 克，红辣椒末，鲜红尖椒 1 只，酱油、白醋、白糖各适量，香油 15 克。

● 特 点 ●

油亮清脆，咸香微辣。

● 制法：

1. 黄瓜洗净，切成滚刀小块；蒜瓣切片；鲜红尖椒洗净，切小圈。

2. 黄瓜块放在小盆内，加入精盐拌匀腌 10 分钟，滗去水分。

3. 炒锅上火，放香油烧热至六成时，离火降温，下蒜片和红辣椒末炸香。

4. 加酱油、白醋、白糖调匀。

5. 纳黄瓜块和红尖椒圈，拌匀装盘即成。

● 提示：

1. 黄瓜块切得要大小相等且适宜。

2. 必须待味汁晾冷后再放黄瓜拌制，以免口感软绵不脆。

爽口米椒黄瓜

• 原料 •

黄瓜 400 克，香醋 50 克，小米椒 10 克，小葱 2 棵，精盐、味精、香油各适量。

• 特 点 •

酸香爽口，夏季开胃小菜。

● 制法：

1. 黄瓜洗净，切成 5 厘米长、筷子粗的条，入冰盐水中泡 10 分钟。

2. 小米椒洗净，顶刀切成小圈；小葱择洗净，切碎花。

3. 用米椒圈、香醋、精盐、味精和香油调好咸酸味汁，待用。

4. 取一净盘子，装入冰镇好的黄瓜条。

5. 浇上调好的味汁，撒上小葱花即成。

● 提示：

1. 黄瓜条不宜泡的时间过长，否则口感欠佳。

2. 如喜食辣味，可加适量辣椒油一起拌制。

黄瓜拌豆腐

·原料·

　　嫩豆腐300克，黄瓜200克，小葱1棵，精盐、味精、醋、香油各适量。

特点

　　白绿分明，咸鲜清香。

● 制法：

　　1. 黄瓜洗净，切成1厘米见方的小丁，与少许精盐拌匀腌5分钟。

　　2. 豆腐切成1厘米见方的小丁；小葱洗净，切末。

　　3. 锅内添适量清水烧开，放入豆腐丁和少许精盐，沸后煮2分钟，捞出用纯净水过凉。

　　4. 把黄瓜丁和豆腐丁捞出，均控尽水分，放在容器内。

　　5. 加入葱末、精盐、味精、醋和香油拌匀，即可装盘。

● 提示：

　　1. 豆腐丁要用开水焯2分钟，以去除豆腥味。

　　2. 现吃现拌，味道和口感才好。

芝麻辣油黄瓜

·原料·

黄瓜 400 克，辣椒末 10 克，蒜末 5 克，精盐、味精各适量，白糖、酱油各少许，白芝麻 10 克，色拉油 20 克。

特点

香辣，咸鲜，脆爽。

● 制法：

1. 黄瓜洗净，顺长剖开，剖面朝下，用刀切成"V"形小块。

2. 黄瓜块入小盆内，加入少许精盐拌匀腌 5 分钟，滗去水分。

3. 辣椒末、白芝麻和蒜末共放在小盆内，注入烧至极热的色拉油，搅匀。

4. 纳入黄瓜块，加精盐、味精、酱油和白糖。

5. 拌匀后装盘，即可上桌食用。

● 提示：

1. 辣椒末用热油才能炸酥，但要注意，应分量加入，如一次全部把热油加入，则可能炸煳。

2. 加入少许白糖起中和辣味的作用，用量以尝不出甜味为度。

咸鸭蛋黄瓜

黄瓜 400 克，咸鸭蛋 2 个，蒜末 10 克，精盐、香油各适量。

特点

清脆，咸香，利口。

● 制法：

1. 黄瓜洗净，顺长剖开，刀切面朝下，用斜刀切成每五刀一断的连刀块。

2. 咸鸭蛋煮熟剥壳，把蛋黄、蛋白分开。然后把蛋白切成小块。

3. 取蛋黄放在小碗里，加少许温开水和香油搅匀成稀糊状，再加入蒜末调匀，待用。

4. 黄瓜块放在小盆内，加入精盐拌匀腌 5 分钟，控去水分，装盘。

5. 浇上调好的鸭蛋黄味汁，撒上蛋白块即可。

● 提示：

1. 黄瓜块不宜过大，以方便食用。

2. 味汁应调的稠一点。

怪味黄瓜

原料

黄瓜300克，泡辣椒20克，蒜瓣5克，生姜3克，白糖、醋、花椒面、红油各适量，色拉油20克。

特点

口感清脆，五味俱全。

● 制法：

   1.黄瓜洗净，横着切成圆形厚片；生姜泡皮洗净，蒜瓣、泡辣椒分别剁成末。

   2.黄瓜片放在小盆内，加入精盐拌匀腌5分钟，控去水分。

   3.炒锅上火，放色拉油烧热，下蒜末和姜末炸香，入泡辣椒炒出红油。

   4.加醋、白糖、花椒面和红油调匀成怪味汁，盛出晾凉。

   5.与黄瓜片拌匀，装盘即可食用。

● 提示：

   1.黄瓜切片不宜过薄，以免腌渍后口感不脆。

   2.调好的味汁应以入口五味均能品尝到为佳。

银耳酿黄瓜

• 原料 •

　　水发黑木耳200克，黄瓜150克，葱花、蒜片、精盐、味精、水淀粉、香油、色拉油各适量。

● 制法：

　　1.水发黑木耳择洗净，撕成小片，放在开水锅里焯一下，捞出控干水分。

　　2.黄瓜洗净，先切成马蹄段，再切成菱形厚片。

　　3.坐锅点火，倒入色拉油烧热，炸香葱花和蒜片，倒入木耳炒干水气。

　　4.加入黄瓜片、精盐和味精，快速翻炒入味。

　　5.勾水淀粉，淋香油，出锅装盘。

• 特点 •

　　清淡咸鲜，脆嫩爽口。

● 提示：

　　1.木耳最好用冷水提前泡好。木耳用手撕成片，在炒的时候更容易入味。

　　2.在炒的时候会有少量汤汁，所以应勾少许的水淀粉，但切忌过多，以防糊口。

翡翠芝麻粉皮

原料

黄瓜 250 克，干粉皮 2 张，西红柿 50 克，醋 25 克，熟芝麻 10 克，精盐、红油、香油各适量。

特点

颜色鲜艳，脆滑爽口。

● 制法：

1. 干粉皮用温水泡软，撕成小片，控干水分。
2. 黄瓜洗净，顺长切成两半，用坡刀切成厚片；西红柿洗净，切小片。
3. 将粉皮、黄瓜片和西红柿片一起放入小盆内。
4. 加入精盐、醋、香油和红油。
5. 拌匀装盘，撒上熟芝麻即成。

● 提示：

1. 泡好的粉皮必须控干水分再拌制。
2. 醋和红油定酸辣味，用量要搭配好。

红油黄瓜圈

原料

黄瓜 400 克，美极鲜酱油 15 克，炸花生米 25 克，红辣椒油 15 克，葱花、蒜末、精盐、味精各适量。

特点

油亮酥脆，咸香鲜辣。

● 制法：

1. 黄瓜洗净，切成厚约 0.5 厘米的圆片。
2. 再用小刀旋去中间的籽，即成黄瓜圈。
3. 炸花生米去皮，用刀铡成碎末。
4. 黄瓜圈放在小盆内，加入精盐拌匀腌 5 分钟，滗去水分。
5. 再加入花生末、葱花、蒜末、味精和红辣椒油拌匀，装盘即成。

● 提示：

1. 取出的黄瓜心不要丢弃，可与黄瓜圈一同拌制。
2. 黄瓜先腌去水分后再调味，口感较好。

辣椒炒黄瓜

·原料·

黄瓜 300 克，鲜红辣椒 100 克，蒜瓣 5 克，精盐、味精、香油、色拉油各适量。

特点

入口清脆，咸香微辣。

● 制法：

1. 黄瓜洗净，先切成马蹄段，再切成菱形厚片。
2. 鲜红辣椒洗净去籽，也切成菱形小片；蒜瓣切片。
3. 坐锅点火，注色拉油烧热，投入蒜片和红辣椒片炒香。
4. 加入黄瓜片炒至断生。
5. 调入精盐、味精和香油，翻匀装盘即成。

● 提示：

1. 要用旺火快速翻炒。
2. 精盐在出锅前加入为好。若提前加入，黄瓜会出水，影响口感。

杏仁黄瓜

●原料●

　　黄瓜 300 克,
清水杏仁 1 袋,蒜
末 5 克,精盐、香醋、
香油各适量。

● 制法:

　1. 黄瓜洗净,切成 1.5 厘米见方的小丁。
　2. 清水杏仁放入开水中焯透,过凉控水。
　3. 黄瓜丁放在小盆内,加入精盐拌匀腌 5 分钟。
　4. 把黄瓜丁滗去水分,同杏仁和蒜末放在小盆内。
　5. 加入精盐、香醋和香油拌匀,装盘即成。

特点

　　清脆爽口,味
咸微酸。

● 提示:

　1. 黄瓜拌味前一定要控干水分。
　2. 杏仁需用沸水汆透,以去除一些苦味。

葱油黄瓜条

·原料·

　　黄瓜 300 克，鲜
红椒 25 克，小葱 20
克，精盐、味精各适
量，色拉油 20 克。

·特点·

　　黄瓜脆香，葱
味浓郁。

● 制法：

　　1. 黄瓜洗净，切成筷子粗的条。

　　2. 鲜红椒洗净，切成小条；小葱洗净，切小粒。

　　3. 将黄瓜条和红椒条放在盆内，加入精盐、味精拌匀腌 5 分钟，控去水分。

　　4. 接着再把色拉油入锅烧热，下入小葱粒炸香。

　　5. 连油倒在黄瓜条内，拌匀装盘即成。

● 提示：

1. 切好的每条黄瓜上带皮，口感更脆。

2. 油不宜烧的过热，以免把葱粒炸煳，影响风味。

白灼黄瓜

黄瓜400克，洋葱、生姜、红柿椒各10克，豉油汁30克，精盐、色拉油各适量。

特点

色绿发亮，爽脆鲜美。

● 制法：

1.黄瓜洗净，顺长剖开，切成6厘米长、小指粗的条。

2.洋葱、生姜、红柿椒分别清洗干净，切成细丝。

3.净锅上火，注入清水烧开，放精盐和黄瓜条略焯，捞出沥水，整齐地摆在盘中。

4.撒上洋葱丝、生姜丝和红柿椒丝。

5.最后淋上豉油汁，再浇上烧至极热的色拉油即成。

● 提示：

1.焯黄瓜条时加点精盐，以增加底味。

2.趁原料热时浇上豉油和热油，方可体现风味特色。

60

豉辣黄瓜

原料

黄瓜 350 克，老干妈豆豉 25 克，干红辣椒 3 只，葱花、姜末各 3 克，精盐、味精、色拉油各适量。

特点

豉香，微辣，利口。

● 制法：

    1. 黄瓜洗净，顺长切成四条，去瓤后用坡刀切成厚片；干红辣椒剪成细丝。

    2. 将黄瓜片放在盆内，加入精盐拌匀腌 5 分钟，控去水分。

    3. 坐锅点火，放色拉油烧热，下葱花、姜末和干红辣椒丝炸香。

    4. 倒入黄瓜片炒至断生。

    5. 加入老干妈豆豉和味精，炒匀装盘即成。

● 提示：

    1. 黄瓜切片前用刀稍拍，容易入味。

    2. 黄瓜片不宜过长受热，以免口感不脆。

蚝油黄瓜

●【原料】

黄瓜 300 克，红尖椒 1 只，蚝油 25 克，蒜茸 10 克，精盐、味精、香油、色拉油各适量。

●【特点】

色泽鲜亮，咸鲜香醇，蚝油味浓。

● 制法：

1.黄瓜洗净，剖开去瓤，切成厚约0.5厘米的半圆环状；红尖椒去蒂籽，切粒。

2.把改刀的黄瓜放入容器内，加精盐拌匀腌 5 分钟，控去水分。

3.再加入味精和蚝油拌匀。

4.锅内放色拉油和香油烧热，下蒜茸和尖椒粒炒香。

5.倒在盛有黄瓜的容器内，拌匀后用盘子扣住，待冷后装盘即成。

● 提示：

1. 黄瓜一定要沥尽水分，否则会稀解蚝油，影响口味。

2. 浇上热油后用盘子扣住，以体现风味特色。

油泼黄瓜

·原料·

黄瓜 400 克，小红辣椒 3 个，小青葱 2 棵，花椒 20 颗，精盐、味精、香油、色拉油各适量。

特点

形美，色亮，微辣。

● 制法：

1. 黄瓜洗净，切成小条；小红辣椒洗净，切成小圆圈；小青葱洗净，切碎花。

2. 黄瓜条与精盐拌匀腌 5 分钟，控去水分。

3. 整齐地码在窝盘中，上面放上辣椒和葱花。

4. 将手勺内倒入色拉油，放入花椒，用小火加热待花椒变色出香味即可关火。

5. 立即泼在黄瓜条上，淋香油，食用时拌匀即可。

● 提示：

1. 黄瓜切条要求粗细均匀。

2. 用勺子烧花椒油，一定要小火，并且手要稳。用勺子只是为了节约，如果用锅，倒出来后锅中还有很多，太浪费了。

三味黄瓜条

黄瓜400克，洋葱100克，干辣椒节10克，精盐、白糖、白醋、红油各适量。

特点

口口脆爽，微辣酸甜。

● 制法：

　　1.黄瓜洗净，切成5厘米长、筷子粗的条；洋葱剥皮，亦切条。

　　2.黄瓜条与精盐拌匀腌约5分钟，沥去水分。

　　3.锅内放清水和干辣椒节，用小火熬约5分钟，离火。

　　4.加精盐、白糖、红油和白醋调好口味，晾冷。

　　5.放入黄瓜条和洋葱条，封口后入冰柜中镇约1小时，取出食用。

● 提示：

　　1.黄瓜条先用盐腌一会，以去除一些水分。

　　2.泡制时间以原料入味为度。若时间过长，反而口感不好。

剁椒拌黄瓜

· 原料 ·

鲜黄瓜 300 克，盐酥花生米 30 克，红剁椒 25 克，蒜瓣 10 克，味精、精盐、香油各适量。

特点

咸香微辣，口感清脆。

● 制法：

1. 鲜黄瓜洗净，切成小段；盐酥花生米剁碎。

2. 蒜瓣放钵内，加少许盐捣成细泥，再加少许水调成蒜泥水。

3. 红剁椒入碗，加入烧热的香油搅匀，再加蒜泥水和味精调匀成剁椒味汁。

4. 把黄瓜条堆在盘中，浇上剁椒味汁。

5. 最后撒上盐酥花生米，即成。

● 提示：

1. 红剁椒用热油浇过，味道更浓。

2. 现吃现拌，口感才佳。

奇味黄瓜

·原料·

　　黄瓜 300 克，红柿椒 50 克，松花蛋 1 个，熟芝麻 5 克，臭豆腐 2 块，精盐、味精、醋、香油、红辣椒油各适量，白糖少许。

特点

　　清脆爽口，味道奇美。

● 制法：

　　1. 黄瓜洗净，切成滚刀小块；红柿椒去籽蒂，切小丁。

　　2. 松花蛋剥去泥壳，洗净切小丁，臭豆腐压成泥。

　　3. 松花蛋丁和臭豆腐泥放小碗内，加精盐、味精、白糖、醋、香油和红辣椒油调成奇味汁。

　　4. 黄瓜块和红柿椒丁放在盆中，加精盐拌匀腌约 5 分钟，沥去水分，装在盘中。

　　5. 淋上调好的奇味汁，再撒上熟芝麻即成。

● 提示：

　　1. 黄瓜可根据爱好切成不同的形状。

　　2. 白糖和醋的用量，以成品刚透出酸甜味为度。

黄瓜沙拉

● 制法：

　　1.黄瓜洗净，去两头后，切成1厘米见方的小丁。

　　2.苹果洗净，去皮及籽，切成1厘米见方的小块。

　　3.土豆洗净，煮熟去皮，切成1厘米见方的小丁。

　　4.黄瓜丁、土豆丁与苹果丁同放入盘中。

　　5.最后淋上沙拉酱，食用时拌匀即可。

● 提示：

　　1.苹果切丁后，应放在加有少许醋的水中泡住，以免变色。

　　2.想减肥食用，一定要选无蛋黄沙拉酱。

泡瓢黄瓜

 原料

黄瓜 3 根，猪肉 100 克，桂林香辣牛肉酱 30 克，白糖 50 克，白醋 40 克，姜末、葱花、精盐、味精、胡椒粉、香油、色拉油各适量。

特点

黄瓜爽脆酸甜，馅心香辣干香，造型美观，制法新颖。

● 制法：

1. 将黄瓜刨去外皮，切去蒂部，用筷子或竹片搅出内部瓢籽。

2. 猪肉剁成细粒；香辣牛肉酱剁细。

3. 锅内放色拉油烧热，投入姜末和葱花炝香，接着下猪肉粒炒散，再放入香辣牛肉酱、精盐、味精、胡椒粉和香油调好味，炒匀后起锅，晾冷成馅料。

4. 另净锅上火，掺入清水 500 克，放入白糖和适量精盐，烧沸后离火，调入白醋，起锅盛入盆中，晾冷成酸甜汁。

5. 将晾冷的馅料瓢入黄瓜筒内，切口处用黄瓜蒂复原，并用牙签固定，接着放入酸甜汁中，浸泡至黄瓜入味，取出改刀装盘，最后淋香油即成。

● 提示：

1. 一定要选用粗细均匀、直挺的嫩黄瓜来制作这道菜。

2. 黄瓜的切口处务必封严实，以免味汁进入内部，影响馅心的味道。

3. 酸甜汁必须晾冷后才能使用，否则会降低黄瓜的脆嫩口感。

小黄瓜拌牛腱

 原料

　　小黄瓜 200 克，牛腱肉 150 克，精盐 3 克，芝麻酱 10 克，蒜瓣 5 克，香油 10 克。

特 点

　　黄瓜爽脆，牛腱筋道，味道咸香。

● 制法：

　　1. 黄瓜洗净，切成 7 厘米长的丝；牛腱肉先切片，再切条。

　　2. 嫩姜洗净，切成细丝；鲜红椒洗净，切丝；蒜瓣捣成细蓉。

　　3. 黄瓜丝与精盐拌匀腌 3 分钟，沥干水分。

　　4. 芝麻酱入碗，加香油调稀，再加味精调匀，待用。

　　5. 将黄瓜丝和牛腱肉条放在一起，加入蒜蓉和芝麻酱拌匀，装盘即成。

● 提示：

　　1. 不论是自己做的还是在外面买的牛腱肉，都要把上面的油脂去掉。

　　2. 切牛腱肉时要注意横着牛筋切条。

翡翠牛肉线

黄瓜 250 克，牛柳肉 100 克，猪肥膘肉、虾仁各 50 克，鸡蛋清 3 个，蒸鱼豉油 50 克，青芥辣 3 克，淀粉、精盐、胡椒粉、姜末、葱姜水各适量。

特点

白绿分明，爽滑鲜辣。

● 制法：

1. 牛柳肉漂净血水，同猪肥膘肉切成小丁，和虾仁放搅拌机里打成细泥，纳盆。

2. 加入鸡蛋清、淀粉、精盐、胡椒粉和葱姜水，顺向搅至黏稠，放到冰箱里冷藏 20 分钟。

3. 锅里放清水烧至 40℃时，把牛肉馅装进裱花袋里边，然后呈线状挤入水锅里浸熟，捞出用纯净水过凉，控干水分。

4. 黄瓜洗净，切成长丝，铺在盘底，上面放上牛肉线。

5. 把蒸鱼豉油、青芥辣、精盐和姜末放到一起调匀，直接浇在牛肉线和黄瓜丝上即成。

● 提示：

1. 牛肉泥要细并搅上劲，成形才不会断。

2. 最好选用老黄瓜制作此菜，切丝要求细而长。

脆瓜拌鳝丝

黄瓜 200 克，鳝鱼肉 150 克，红美人椒 50 克，姜片、葱段各 10 克，大蒜汁、辣鲜露各 10 克，蔬菜水 10 克，精盐、味精、料酒、白糖各适量，藤椒油 5 克。

特点

脆爽软嫩，味鲜麻辣。

● 制法：

1. 将鳝鱼肉划成丝，放清水盆里漂净血水，再捞出来挤干水分，纳盆。
2. 加蔬菜水、精盐、料酒、姜片和葱段腌 30 分钟。
3. 然后下开水锅里焯水至断生，捞出来沥水待用。
4. 黄瓜、红美人椒分别切成细丝，与鳝鱼肉丝放在一起。
5. 加入大蒜汁、辣鲜露、精盐、味精和藤椒油拌匀，装盘成菜。

● 提示：

1. 鳝鱼肉丝焯制时间不要过长，避免质老不嫩。
2. 调味时麻辣度根据自己的口味而调整。

肉末炒黄瓜钱

 原料

黄瓜 300 克，猪肉 75 克，鲜红椒 25 克，甜面酱 25 克，葱花、姜末各 5 克，干辣椒节 3 克，料酒、白糖、精盐、味精、水淀粉、香油、色拉油各适量。

特点

酱味浓香，咸鲜微辣。

● 制法：

1.黄瓜洗净，横着切圆形厚片；猪肉切成绿豆大小的粒；鲜红椒切小粒。

2.坐锅点火，注色拉油烧热，下猪肉粒炒散变色。

3.放入干辣椒节、葱花和姜末炒香，烹料酒。

4.加入甜面酱和白糖炒匀，再加少量水炒匀。

5.最后加入红椒粒和黄瓜片炒匀，加精盐，味精，勾水淀粉，淋香油，翻匀装盘。

● 提示：

1.黄瓜切片不宜太薄，否则口感不脆。

2.加水不要太多，以酱汁紧裹原料为佳。

黄瓜炒火腿肠

● 制法：

1. 黄瓜洗净，顺长剖成四条，去瓤，用坡刀切成厚片。
2. 火腿肠剥去外包装，切成梳背形厚片；蒜瓣拍松，切末。
3. 炒锅上火，放色拉油烧热，投入蒜末炸香，倒入黄瓜片炒至翠绿。
4. 调入精盐和味精炒匀。
5. 再加火腿肠片炒匀，淋香油即成。

● 提示：

1. 黄瓜不削皮，吃起来口感更脆。
2. 火腿肠切得厚一些，以免炒制时断碎。

酸黄瓜炒四季豆

酸黄瓜250克，四季豆200克，猪五花肉100克，生抽10克，葱、生姜、蒜瓣各5克，料酒5克，胡椒粉、白糖各3克，精盐、色拉油各适量。

特点

酸香爽口，开胃下饭。

● 制法：

1.猪五花肉切肉末；酸黄瓜切小丁；葱切丝；生姜切末；蒜瓣切末。

2.四季豆入开水中烫熟，捞出过凉，切成小段。

3.锅内放色拉油烧热，倒入五花肉末炒至吐油，加胡椒粉、生抽、白糖和料酒拌匀，盛出备用。

4.锅内放底油重上火烧热，下入葱丝、姜末和蒜末爆香，倒入四季豆和酸黄瓜炒匀。

5.再加精盐和生抽略炒，最后倒入炒好的猪肉末，炒匀装盘即成。

● 提示：

1.酸黄瓜改刀后最好用沸水焯一下，去除部分酸味。

2.加少许白糖中和口味，以尝不出甜味为佳。

酸黄瓜炒鸡胗

●原料●

酸黄瓜200克，
鸡胗150克，青尖椒
50克，泡山椒10克，
蒜瓣、生姜各5克，
生抽、精盐、鸡精、
白糖、色拉油各适量。

特点

鸡胗脆爽，酸
辣可口。

● 制法：

1.酸黄瓜切片；鸡胗洗净切片；青尖椒洗净去蒂，切三角片；泡山椒斜刀切开；蒜瓣、生姜分别切片。

2.酸黄瓜和鸡胗片分别入沸水锅中焯透，捞出控水。

3.炒锅上火，注色拉油烧热，下蒜片、姜片和泡山椒炒香，加酸黄瓜片炒匀。

4.调入生抽、料酒、精盐和白糖，炒至微干。

5.加入尖椒炒至断生，放鸡精炒匀，出锅装盘。

● 提示：

1.鸡胗片焯水时加些料酒，起到去腥除异的作用。

2.泡山椒不宜整只使用。因为油的热度可能会引起完整泡椒的膨胀爆炸。

黄瓜炒海蜇

● 制法:

1. 黄瓜洗净,顺长切四条,片去瓜瓤,用坡刀切厚片。
2. 海蜇纳盆,倒入沸水泡 2 分钟,换清水洗净,切块。
3. 水发木耳择洗净,撕成小片;红辣椒洗净,斜刀切片。
4. 坐锅点火,注色拉油烧热,下蒜片、葱白段和红辣椒片爆香,倒入木耳炒干水气。
5. 加酱油、精盐、料酒、胡椒粉和黄瓜片翻炒均匀,再加入海蜇片和香醋炒匀,出锅装盘。

● 提示:

1. 海蜇加热时间不可过长,否则收缩太甚,口感欠佳。
2. 喜欢吃酸味的,可多加些醋。

黄瓜炒牛肉

·原料·

黄瓜 250 克，牛肉 150 克，鸡蛋清 25 克，淀粉 15 克，料酒 10 克，蒜片 10 克，姜末 5 克，精盐 5 克，味精 4 克，胡椒粉 1 克，水淀粉、香油、色拉油各适量。

特点

牛肉滑嫩，黄瓜香脆，味道咸鲜。

● 制法：

1. 黄瓜洗净，切成 5 厘米长的段，再切成筷子粗的条，纳盆。

2. 加入 3 克精盐拌匀腌 10 分钟，挤干水分。

3. 牛里脊肉切片，与料酒、胡椒粉、2 克精盐、鸡蛋清、淀粉和 15 克色拉油拌匀上浆。

4. 坐锅点火，注色拉油烧至三成热时，下入牛肉片滑熟，倒出控油。

5. 锅留底油复上火位，下姜末和蒜片炒香，倒入黄瓜条和牛肉片翻炒均匀，勾水淀粉，淋香油，翻匀装盘。

● 提示：

1. 牛肉片滑油时变色即可。

2. 炒制时如过干，可加少量水或鲜汤。

黄瓜炒五花肉

原料

黄瓜250克，猪五花肉100克，鲜红辣椒2个，葱10克，生姜5克，精盐、酱油、湿淀粉、香油、色拉油各适量。

特点

味道咸香，瓜脆肉嫩。

● 制法：

1. 黄瓜洗净，先切马蹄段，再切菱形厚片；生姜洗净，切末；葱切碎花。

2. 猪五花肉切成薄片；鲜红辣椒洗净去蒂，切小圆圈。

3. 五花肉片入碗，加入葱花、姜末、酱油、料酒、湿淀粉和香油拌匀腌5分钟。

4. 往锅中倒入油烧至五成热，下入五花肉片炒散变色至八成熟。

5. 倒入黄瓜片翻炒至断生，加红辣椒圈、精盐和味精略炒，装盘即成。

● 提示：

1. 炒肉片时油温不宜过热，否则会黏结成团。

2. 不喜欢太肥的肉，可用纯瘦肉。

黄瓜炒腊肉

 原料 •

黄瓜 250 克, 腊猪肉 150 克, 鲜红椒 50 克, 葱 10 克, 蒜瓣 5 克, 精盐、味精、色拉油各适量。

• 特 点 •

咸香味浓, 肥而不腻。

● 制法:

1. 腊猪肉上笼软, 取出切片; 鲜红椒切三角片。

2. 黄瓜洗净, 剖为两半, 用坡刀切片; 葱切碎花; 蒜瓣切片。

3. 坐锅点火, 注色拉油烧热, 下腊肉片煸炒至吐油, 盛出。

4. 再放入蒜片和葱花炸香, 倒入黄瓜片和红椒片炒至断生。

5. 加精盐和味精炒入味, 再倒入腊肉片炒匀, 出锅装盘。

● 提示:

1. 若煸炒腊肉后锅中的油过多, 需滗出一些。

2. 黄瓜和腊肉分开炒后再合炒, 味道较好。

黄瓜核桃羊肉

●原料●

黄瓜 200 克，羊肉 150 克，核桃仁 50 克，葱白 25 克，鸡蛋清 1 个，甜面酱 30 克，白糖 25 克，料酒 10 克，精盐、味精、湿淀粉、色拉油各适量，鲜汤 75 克。

特点

色泽酱红，咸中带甜，滑嫩清脆。

● 制法：

1. 羊肉切成 1.5 厘米见方的小丁；黄瓜切 1 厘米见方的小丁；葱白切小丁。

2. 羊肉丁放碗里，加入料酒、精盐、味精、鸡蛋清和湿淀粉拌匀上浆。

3. 炒锅上火炙好，注入色拉油烧至三成热，放入核桃仁炸黄捞出，再放入羊肉丁滑熟，倒出沥油。

4. 锅留底油复上火位，炸香葱丁，下黄瓜丁略炒，加甜面酱炒出酱香味。

5. 放鲜汤、精盐、味精和白糖调好口味，倒入过油的羊肉丁和核桃仁翻匀，出锅装盘。

● 提示：

1. 羊肉切丁要大小相等，便于同时受热成熟。

2. 如果酱汁过稀，可勾入少量水淀粉。

酱爆黄瓜肉丁

黄瓜200克，猪肉150克，葱50克，黄酱50克，白糖20克，湿淀粉15克，料酒10克，鸡蛋清1个，精盐、味精、香油、色拉油各适量，鲜汤75克。

特点

油润酱浓，肉嫩香滑。

● 制法：

1. 猪肉切成1厘米见方的小丁；黄瓜、葱分别切丁。

2. 猪肉丁放在碗内，加入料酒、精盐、味精、鸡蛋清和10克湿淀粉拌匀上浆。

3. 锅上火炙好，注色拉油烧至三成热时，放入浆好的猪肉丁滑熟，倒出沥油。

4. 锅留底油复上火位，下葱丁炸香，放入黄酱炒出酱香味，倒入黄瓜丁和肉丁略炒。

5. 加鲜汤、精盐、味精和白糖调好口味，勾入剩余湿淀粉，淋香油，翻匀装盘。

● 提示：

1. 猪肉切丁前最好剞上花刀，这样，内部才易成熟。

2. 加入白糖的量以成品吃出甜味即好。

滑熘翡翠鱼条

● 制法：

1. 净鱼肉切成5厘米长、0.5厘米粗的条；黄瓜切成4厘米长、筷子粗的条。

2. 鱼肉条放在碗内，加入料酒、精盐、味精、鸡蛋清和干淀粉拌匀上浆。

3. 锅内注色拉油烧至三成热，放入黄瓜和浆好的鱼肉条滑散，倒出沥油。

4. 锅留底油复上火位，炸香葱花和姜末，加鲜汤、精盐和味精调好口味。

5. 勾水淀粉搅匀，倒入鱼肉条和黄瓜条翻匀，淋香油，出锅装盘。

● 提示：

1. 切鱼肉条时要注意把残留的小刺剔出来。

2. 油温不要超过五成热，否则，鱼肉口感不滑嫩。

百花黄瓜盅

● 原料

黄瓜 2 根，鲜虾肉 100 克，肥膘肉 25 克，鸡蛋清 1 个，干淀粉 10 克，料酒 10 克，精盐、味精、胡椒粉、葱姜汁、水淀粉、香油各适量，火腿片、香菜叶各少许，鲜汤 150 克。

● 特点

形佳，软嫩，咸鲜。

● 制法：

1. 肥膘肉和鲜虾肉合在一起剁成细泥，纳盆，加入鸡蛋清、精盐、味精、葱姜汁、料酒和干淀粉顺向搅上劲成百花馅。

2. 黄瓜洗净，切成 1.5 厘米厚的段，用小勺把挖出内瓤，撒少许精盐腌一会，待用。

3. 把每段黄瓜内壁扑薄薄一层淀粉，填入百花馅，抹平，点缀上火腿片和香菜叶，即成"百花黄瓜盅"生坯。

4. 依法逐一做完，摆在盘中，上笼用中火蒸约 5 分钟至熟透，取出，滗出汁水。

5. 与此同时，锅内放鲜汤烧开，调入盐、味精和胡椒粉，勾水淀粉，淋香油，起锅浇在蒸好的原料上即成。

● 提示：

1. 虾肉馅，在行业中称百花馅。调制时稠一点，便于塑制成形。

2. 控制好蒸制时间，确保黄瓜翠绿色泽和馅的滑嫩。

沙茶黄瓜鸡片

原料

鸡脯肉200克，黄瓜150克，沙茶酱25克，鸡蛋清1个，葱花、蒜末各5克，精盐、味精、白糖、料酒、湿淀粉、鲜汤、香油、色拉油各适量。

特点

鸡片滑嫩，咸香微辣。

● 制法：

1. 黄瓜洗净，先切马蹄段，再切成菱形片；鸡脯肉洗净，切成薄片。

2. 鸡肉片纳碗，加鸡蛋清、料酒、精盐、味精、湿淀粉和10克色拉油拌匀。

3. 锅上火炙热，入色拉油烧至四成热时，投入鸡片滑散，倒漏勺内沥油。

4. 锅留底油上火，入葱花和蒜末煸香，放黄瓜片和沙茶酱炒几下，掺鲜汤，加精盐、味精和白糖调味。

5. 沸后勾水淀粉，倒入滑油的鸡片翻匀，淋香油，装盘上桌。

● 提示：

1. 鸡肉切成厚薄均匀的抹刀片。

2. 要求成菜酱汁紧裹原料为好。

红油瓜拌脆耳

原料

黄瓜 250 克，卤猪耳朵 1 个，香菜 20 克，生抽 10 克，蒸鱼豉油 10 克，醋 5 克，红油适量。

特点

制法简单，口感美妙，咸香微辣。

● 制法：

1. 黄瓜洗净，切成粗丝。
2. 卤猪耳朵批成薄片，切成丝。
3. 香菜择洗干净，切小段。
4. 将黄瓜丝、猪耳朵丝和香菜段共放一起。
5. 加生抽、蒸鱼豉油、醋和红油拌匀，装盘即成。

● 提示：

1. 卤猪耳朵已经有味，所以在调味的时不宜加盐。但如果个人的口味重的话，可适量添加。

2. 此菜宜现吃现调味。若调味后放置时间过长，黄瓜会出水，影响口感和味道。

麻辣黄瓜鸡皮

·原料·

鸡皮 200 克，黄瓜 150 克，冷鸡汤 25 克，酱油 10 克，花椒面、精盐、味精各适量，白糖少许，红油、花椒油各 10 克。

● 制法：

1. 将鸡皮上的杂质去净，放入开水锅中煮熟。
2. 捞在纯净水中浸冷。
3. 鸡皮取出控汁，切条；黄瓜洗净，切长方片。
4. 碗内放冷鸡汤、精盐、白糖、酱油、味精、红油和花椒油，调匀成麻辣汁。
5. 黄瓜片和鸡皮放在一起，加入调好的麻辣味汁拌匀，装盘即成。

特点

色白净，质软嫩，味麻辣。

● 提示：

1. 鸡皮煮好后立即浸冷，可使其胶质脆而不黏糯。
2. 花椒面增麻味，红油增色提辣。两者组合成可口的麻辣味。

黄瓜手撕鸡

 原料

净肥鸡半只，黄瓜150克，蒜瓣20克，生姜3片，葱结1个，香醋、精盐、味精、香油各适量。

特点

鸡肉滑嫩，蒜浓醋香，极宜下酒。

● 制法：

　　1. 将净肥鸡放在水锅中，加入姜片和葱结，用中火煮10分钟，离火泡凉。

　　2. 蒜瓣入钵，加精盐捣烂成细蓉，再加香醋、精盐、味精和香油调匀成味汁。

　　3. 把肥鸡捞出来，用手将上面的肉撕成不规则的条；黄瓜切成粗丝。

　　4. 将鸡肉条和黄瓜丝放在一起。

　　5. 倒入调好的蒜醋汁拌匀，装盘即成。

● 提示：

1. 鸡煮好后用原汤泡冷，让其吸足水分，皮爽肉滑。

2. 选用既有香味又酸而不烈的醋，拌出来的味道才好。

黄瓜滑鸡腿

·原料·

鸡腿肉 200 克，黄瓜 150 克，红柿椒半只，洋葱 25 克，鸡蛋清 2 个，湿淀粉 25 克，黄辣椒酱、精盐、味精、鲜汤、香油、色拉油各适量。

滑嫩，香辣。

● 制法：

1. 鸡腿肉带皮切成 4 厘米长、筷子粗的小条；黄瓜、红柿椒、洋葱分别洗净，切成小条。

2. 鸡肉条放在碗内，加入精盐、味精、鸡蛋清和 15 克湿淀粉抓匀上浆，再加 10 克油拌匀。

3. 用鲜汤、精盐、味精、香油和剩余湿淀粉在 1 个小碗内调成芡汁。

4. 锅内注色拉油烧至三成热时，下上浆的鸡肉条滑至断生，再入黄瓜条和红椒条过一下油，倒漏勺内沥油。

5. 锅留底油复上火位，炸香洋葱条，下黄辣椒酱炒香，倒入过油的原料和芡汁，翻炒均匀入味，装盘上桌。

● 提示：

1. 如嫌肥腻，可把鸡皮去除另做他用。

2. 鸡条上浆时要用力抓捧，让浆液吃在肌纹里，增加嫩度。

豆豉鲮鱼瓜丁

● 制法：

1. 黄瓜洗净，刨去表皮，切成 1 厘米见方的小丁。
2. 用精盐拌匀腌 5 分钟，滗去水分。
3. 豆豉鲮鱼从罐中取出，切成比黄瓜略小的丁。
4. 把黄瓜丁和腊鱼丁放在一起。
5. 加入味精和香油拌匀，装盘食用。

● 提示：

1. 黄瓜丁必须先腌去水分再调味。
2. 还可选用其他风味鱼罐头，如湘味腊鱼、凤尾鱼等。

黄瓜炒鸭胗

·原料·

黄瓜200克，卤鸭胗150克，葱10克，精盐、味精、香油、色拉油各适量。

特点

红绿相间，鸭胗筋道，黄瓜清脆，咸鲜卤香。

● 制法：

1. 黄瓜洗净，剖为两半，斜刀切成厚片。

2. 卤鸭胗切薄片；葱切碎花。

3. 炒锅上火，注入色拉油烧热，炸香葱花后，倒入黄瓜片炒干水气。

4. 加精盐和味精炒入味。

5. 再加卤鸭胗片炒匀，淋香油，起锅装盘。

● 提示：

1. 黄瓜切片不宜太薄。

2. 卤鸭胗有味道，应在黄瓜调好味后加入。

黄瓜肉卷

·原料·

猪脊肉150克，黄瓜150克，鸡蛋2个，面包糠、生抽、精盐、味精、料酒、色拉油各适量。

·特点·

色泽金黄，外酥内嫩，味道咸香。

● 制法：

1. 黄瓜洗净，切成5厘米长、小指粗的条，与精盐拌匀腌5分钟，挤去水分。

2. 将猪脊肉切成5厘米宽的长方片，用刀尖稍戳，与生抽、精盐、味精和料酒拌匀腌10分钟。

3. 鸡蛋磕入碗内，加少许精盐充分调匀，待用。

4. 将每一条黄瓜用猪肉片卷起来，粘上一层干面粉，拖匀鸡蛋液，再滚上一层面包糠，用手按实，待用。

5. 锅内放色拉油烧至四成热，下入黄瓜肉卷浸炸熟成金黄色，捞出控油，装盘上桌。

● 提示：

1. 黄瓜和猪肉片均需提前作腌味处理。

2. 面包糠受热时极易上色，所以炸制时油温不能超过五成热。

黄瓜拌肚丝

• 原料 •

　　黄瓜200克，卤
猪肚150克，姜丝、
蒜末、精盐、味精、
色拉油各适量。

特点

　　黄瓜脆嫩，肚
丝筋道，咸香味美。

● 制法：

　　1.黄瓜洗净去蒂、切成粗丝。

　　2.卤猪肚去净内壁油脂，也切成细丝。

　　3.炒锅上火，注入色拉油烧热，下蒜末和姜丝炸香，
倒在大碗内晾冷。

　　4.放入黄瓜丝，加精盐和味精拌匀。

　　5.再加入卤猪肚丝拌匀，装盘即成。

● 提示：

　　1.黄瓜切丝不宜太细。

　　2.先把黄瓜调味后，再加猪肚丝。

腊鱼拌黄瓜

原料

鲜黄瓜 250 克，腊味湘鱼 1 小袋，小葱 10 克，精盐、味精、香油各适量。

特点

瓜脆鱼嫩，咸香微辣。

● 制法：

　　1. 鲜黄瓜洗净，切成 1 厘米见方的小丁。

　　2. 腊味湘鱼从袋中取出，也切成小丁；小葱洗净，切节。

　　3. 把黄瓜丁放在小盆中，加精盐和葱节拌匀腌 5 分钟，滗去水分。

　　4. 再加入腊鱼丁、味精和香油拌匀。

　　5. 装盘上桌，即可食用。

● 提示：

　　1. 黄瓜先腌去水分再调味，以免出水后影响腊鱼的味道。

　　2. 此菜可一次多做点，用保鲜膜封住，入冰箱贮存，随食随取。

黄瓜拌猪肝

◦原料◦

　　黄瓜 200 克，熟猪肝 150 克，蒜瓣 5 克，精盐、味精、醋、香油各适量。

◦特点◦

　　黄瓜脆，猪肝绵，味咸香。

● 制法：

　　1. 黄瓜洗净，斜刀切成厚片；熟猪肝切片。

　　2. 蒜瓣入钵，加少许精盐捣成细蓉,再加适量清水调澥。

　　3. 把黄瓜片放在小盆中，先加精盐拌匀腌 5 分钟，滗去水分。

　　4. 加入猪肝片、蒜蓉水、味精、醋和香油。

　　5. 用筷子拌匀后，装盘上桌。

● 提示：

　　1. 猪肝采用锯切的刀法切片，表面光滑，不易破碎。

　　2. 因熟猪肝有盐味，故应先把黄瓜加精盐调味。

芥味田园沙拉

黄瓜 200 克，火腿肠 75 克，番茄 2 个，卤鹌鹑蛋 5 个，生菜 2 片，蛋黄酱、芥末酱各适量。

特点

色彩艳丽，甜辣味奇。

● 制法：

1. 黄瓜洗净，剖为两半，斜刀切成每五刀一断的连刀片，错开刀口，待用。

2. 番茄洗净去皮，同火腿肠分别切片；生菜洗净，撕成小片。

3. 卤鹌鹑蛋剥去外壳，一切两半。

4. 将加工好的黄瓜片、番茄片、火腿肠、生菜和卤鹌鹑蛋岔色装盘。

5. 挤上调匀的蛋黄酱与日式芥末酱即成。

● 提示：

1. 原料改刀的形状要一致，装盘要美观、大方。

2. 蛋黄酱和日式芥末酱的比例，应按自己喜欢的口味调配。

酿煎黄瓜

·原料·

黄瓜2根,猪肉馅150克,鸡蛋液25克,湿淀粉15克,葱末、姜末、精盐、味精、料酒、胡椒粉、香油、色拉油各适量,鲜汤100克。

·特点·

造型别致,咸鲜脆嫩。

● 制法:

1.猪肉馅放小盆内,加入葱末、姜末、精盐、味精、料酒、胡椒粉、鸡蛋液和湿淀粉拌匀成馅,待用。

2.黄瓜洗净,切成2厘米长的小段,用小刀旋去籽瓤,填入猪肉馅,用餐刀蘸水抹光滑,逐一制完,即成"酿黄瓜"生坯。

3.用鲜汤、精盐、味精、胡椒粉和香油对成清汁,待用。

4.坐锅点火,放色拉油烧至四成热时,排入酿黄瓜生坯煎至底面金黄时翻转,再煎至另一面金黄。

5.淋入清汁,加盖焖煎至汁水将干时,淋香油,略煎,出锅装盘。

● 提示:

1.黄瓜段不宜太长,以方便食用和烹调。

2.焖制时加盖,促使快速成熟。

翡翠虾仁串

·原料·

虾仁 30 只，小黄瓜 2 根，，西红柿 1 个，鸡蛋清 2 个，干淀粉 25 克，料酒 5 克，葱花、蒜末、精盐、味精、鲜汤、湿淀粉、香油、色拉油各适量。

特点

白绿相间，虾仁滑嫩，黄瓜清脆，味道咸鲜。

● 制法：

1.将虾仁挑去泥肠，洗净后挤干水分，与料酒、精盐、味精、鸡蛋清和干淀粉拌匀上浆，入 0℃的冰箱中镇 10 分钟，待用。

2.小黄瓜洗净，顺长剖开，切成约 0.5 厘米厚的半圆环形；西红柿用沸水略烫去皮，切半圆片。

3.用鲜汤、精盐、味精、白糖、料酒和湿淀粉在一小碗内兑成芡汁。

4.用牙签将上浆的虾仁、黄瓜间隔穿成串（每串 2 份），入四成热的化猪油中滑熟，倒在漏勺内沥油。

5.锅随底油复火位，炸香葱花、蒜末，倒入碗汁烧沸，放入过油的虾仁串，颠翻均匀，淋香油，出锅装盘，用西红柿片围边即可。

● 提示：

1.上浆的虾仁入冰箱镇一会，滑油时不易脱浆。

2.碗汁的量以裹匀原料即好。

双龙穿玉带

原料

嫩黄瓜 3 根，大虾仁 30 只，火腿肠 100 克，干淀粉 10 克，鸡蛋清 1 个，鲜汤 100 克，蒜片、葱花、精盐、料酒、味精、湿淀粉、香油、色拉油各适量。

特点

色彩淡雅，口感滑嫩，味道鲜香。

● 制法：

1. 黄瓜切成约 0.5 厘米厚的圆片，再去掉中间的瓤成黄瓜圈；火腿肠切成 3.5 厘米长、0.5 厘米见方的条。

2. 虾仁洗净，挤干水分，放盆内，加入精盐、味精、鸡蛋清和干淀粉拌匀上浆。

3. 取 1 个黄瓜圈，从中间穿入 1 只虾仁和 1 条火腿肠，制成"双龙穿玉带"生坯，依法逐一做完。

4. 坐锅点火，注放色拉油烧至四成热，放入双龙穿玉带生坯滑熟，捞出沥油。

5. 锅留底油，投入蒜片和葱花爆香，加鲜汤、精盐、料酒、味精和湿粉汁调成咸鲜味汁，倒入滑熟的原料炒匀，淋香油，起锅装盘即成。

● 提示：

1. 黄瓜孔不宜太大，以免烹调时穿入的原料脱落。

2. 芡汁要稀稠适度。

翡翠鸡肉串

◖原料◗

鸡腿肉100克，小黄瓜2根，鸡蛋清2个，干淀粉30克，料酒、葱花、蒜末各5克，精盐、味精、鲜汤、湿淀粉、香油、色拉油各适量。

◖特点◗

白绿相间，鲜贝嫩滑，黄瓜清脆，味道咸鲜。

● 制法：

1. 鸡腿肉切成1.5厘米见方的丁，与料酒、精盐、味精、鸡蛋清和干淀粉拌匀上浆。

2. 小黄瓜洗净，切成约0.5厘米厚的圆片；西红柿用沸水略烫去皮，切半圆厚片。

3. 用鲜汤、精盐、味精、白糖、料酒和湿淀粉在1个小碗内兑成芡汁，待用。

4. 用牙签将黄瓜和上浆的鸡肉丁间隔穿成串（每串各2份），投入到烧至四成热的色拉油中滑熟，倒在漏勺内沥油。

5. 锅随底油重上火，下葱花和蒜末炸香，倒入碗汁和过油的鸡肉丁串翻匀，淋香油，出锅装盘即成。

● 提示：

1. 不宜选用太粗的黄瓜。

2. 待碗汁黏稠时再进行翻锅，这样能很好地裹住原料。

泡菜黄瓜汤

原料

黄瓜 150 克，泡青菜 50 克，水发海带 50 克，精盐、味精、小葱花、鲜汤、香油各适量。

特点

清淡咸鲜，微带酸味，十分利口。

● 制法：

1. 黄瓜洗净，切成粗丝；水发海带洗净，切丝。
2. 泡青菜用清水漂洗净咸味，挤干水分，切丝。
3. 锅置旺火上，放入鲜汤烧开，下海带丝和泡青菜丝煮出味道。
4. 再放入黄瓜丝，加精盐和味精调味，略煮。
5. 撒上小葱花，淋香油，起锅食用。

● 提示：

1. 泡青菜必须先漂洗挤水，并横筋切成丝。
2. 黄瓜不能久煮，最后入锅，以保持其脆嫩清香。

黄瓜皮蛋汤

·原料·

嫩黄瓜 300 克，
皮蛋 2 个，生姜 5 克，
精盐、味精各适量，
色拉油 15 克。

特点

清香，利口，
消暑。

● 制法：

1. 将嫩黄瓜洗净，取 1 根切成菱形小薄片。

2. 另一根切小丁，放在电动榨汁机内打成汁。

3. 皮蛋剥去泥壳，洗净，切小丁；生姜洗净，切细丝。

4. 锅内放色拉油烧热，炸香姜丝，纳皮蛋丁略炒，掺适量开水，煮滚后加入黄瓜汁，并放精盐和味精调好口味。

5. 接着撒入黄瓜片，再次烧开，起锅盛汤盆内即成。

● 提示：

1. 加入黄瓜汁和黄瓜片后不要多滚，以免失去清香味。

2. 此汤为清汤，不要勾芡。

黄瓜什锦汤

 ·原料·

黄瓜150克，胡萝卜50克，北豆腐50克，紫菜10克，黑芝麻5克，鸡汁10克，精盐、胡椒粉各适量。

特点

色彩丰富，味道清香，口感多样。

● 制法：

1. 黄瓜、胡萝卜均洗净，切成薄片。
2. 北豆腐切成长方片；紫菜冷水泡开，洗净控水。
3. 坐锅点火，添适量水烧沸，放入胡萝卜片和豆腐。
4. 待煮熟后，加入黄瓜片和黑芝麻，稍煮。
5. 放入紫菜片，加鸡汁、精盐和胡椒粉调味，即可出锅食用。

● 提示：

1. 紫菜不宜久滚，应在出锅前加入。
2. 如用鸡汤做此汤，就不需加鸡汁调味了。

黄瓜丸子汤

猪肉馅100克，黄瓜150克，鸡蛋清1个，湿淀粉5克，姜汁数滴，精盐、味精、香菜末、香油各适量。

特点

黄瓜清脆，丸子滑嫩，汤清味鲜。

● 制法：

1. 黄瓜洗净，切成0.3厘米厚的长方片。

2. 猪肉馅放在碗中，加入姜汁、料酒、精盐、鸡蛋清和湿淀粉顺向搅拌上劲。

3. 汤锅上火，注入清水烧至约60℃时，把肉馅挤成个头均匀的小丸子，落入水锅中。

4. 待全部下完后，改旺火烧开，打去浮沫。

5. 投入黄瓜片，用小火氽熟，加精盐和味精调味，淋香油，撒香菜末，即成。

● 提示：

1. 如在超市购买现成的猪肉馅，制余丸子有点粗糙，应再剁至细腻后使用。

2. 若丸子还没有下完，锅中的水已烧开，则需加冷水止沸。

黄瓜肉片汤

·原料·

黄瓜100克，猪瘦肉50克，湿淀粉10克，生姜3克，精盐、味精、香油各适量，色拉油10克。

特点

鲜香入味，肉滑瓜脆。

● 制法：

1. 黄瓜洗净，剖为两半，斜刀切片；生姜洗净，切丝。
2. 猪瘦肉剔净筋膜，切成小薄片，与少许精盐和湿淀粉抓捏均匀。
3. 净锅上火，放入色拉油烧热，下姜丝稍炸，掺适量开水煮沸。
4. 分散下入猪肉片，待汆至刚熟时。
5. 加入黄瓜片稍煮，调入精盐和味精，淋香油，推匀起锅。

● 提示：

1. 肉片上浆时不宜太多，以免汤汁糊口。
2. 肉片下锅后必须改小火浸熟，这样口感才滑嫩。

氽黄瓜鱼片汤

● 制法：

1. 草鱼肉切成小薄片；黄瓜切菱形片。

2. 鱼片纳碗，加料酒、精盐、味精、打澥的鸡蛋清和淀粉抓匀上浆。

3. 锅内注入清水烧沸，逐片下入上浆的鱼片，用手勺蹚开，沸后打去浮沫。

4. 以中火氽至断生，放入黄瓜片稍煮。

5. 加精盐、味精和胡椒粉调味，淋香油，即可盛碗食用。

● 提示：

1. 鱼肉片切的不要太薄，以免受热后断碎。

2. 爱喝酸辣口的，可加醋和增加胡椒粉的用量来调味。

老黄瓜咸肉排骨汤

排骨段400克、老黄瓜350克,咸肉75克,料酒15克,生姜20克,香葱5克,味精、胡椒粉、精盐各适量。

特点

味道咸鲜,骨肉软嫩,瓜脆清香。

● 制法:

1.老黄瓜去皮去籽,切成滚刀块;咸肉切片;生姜切大片;香葱切碎花。

2.排骨段洗净,放入冷水锅中,大火烧开至血沫浮起。

3.捞出排骨用清水洗干净,放入汤锅中,加咸肉片、姜片、料酒和适量水。

4.大火烧开,撇去浮沫,加盖小火炖煮40分钟。

5.放入老黄瓜块、胡椒粉和精盐调味,煮约10分钟,熄火,加味精和香葱花即成。

● 提示:

1.老黄瓜的皮和籽一定要去掉,否则口感不好。

2.老黄瓜要最后再放入,以免炖烂。

3.没有咸肉可以用金华火腿代替,盐的量要根据汤的味道酌量添加。

海米干贝黄瓜汤

·原料·

　　黄瓜150克，海米20克，干贝10克，精盐、香葱、胡椒粉、色拉油各适量。

特点

　　汤汁清香，味道鲜醇。

● 制法：

　　1.黄瓜洗净，成菱形片；香葱择洗净，切节。

　　2.海米、干贝用水洗去表面泥沙，再用清水浸泡15分钟。

　　3.锅内放色拉油烧热，爆香葱片，添入适量水煮沸。

　　4.放入海米、干贝及浸泡海米干贝的水煮出味。

　　5.加入黄瓜片，调入精盐和胡椒粉，稍煮即可。

● 提示：

　　1.黄瓜片不宜切得太薄，否则容易煮化。

　　2.浸泡海米和干贝的水味道鲜美，要放入汤中。

　　3.干贝含有谷氨酸钠，此汤不需放味精增鲜。

榨菜黄瓜蛋汤

原料

黄瓜100克，西红柿50克，榨菜25克，鸡蛋1个，精盐、胡椒粉、鸡精、水淀粉、鲜汤、香葱花、色拉油各适量。

特点

嫩中带脆，味香微酸。

● 制法：

1. 黄瓜洗净，切菱形片；榨菜洗净切丝；西红柿洗净，去皮切块。
2. 鸡蛋磕入碗内，加少许水，用筷子充分调匀。
3. 锅内放色拉油烧热，放入榨菜丝和西红柿略炒，添鲜汤煮开3分钟。
4. 用水淀粉勾芡，淋入鸡蛋液，搅匀。
5. 加入黄瓜片稍煮，调入精盐、胡椒粉和鸡精，撒香葱花即成。

● 提示：

1. 此汤不可久煮，否则黄瓜和榨菜会失去脆嫩的口感。
2. 先勾芡后淋鸡蛋液，形成的蛋花才好。

黄瓜银鳕鱼羹

 原料

银鳕鱼 200 克，黄瓜 100 克，香菜 25 克，鸡蛋清 3 只，精盐 4 克，味精 4 克，胡椒粉 1 克，香油 10 克，水淀粉 50 克，鲜汤 750 克。

特点

色彩艳丽，鲜香滑糯，美味可口，宜老年人食用。

● 制法：

1. 银鳕鱼去骨去皮，切成小粒，与干淀粉拌匀，入沸水锅焯后，倒入网筛沥干。

2. 黄瓜洗净，切成小粒；香菜去根，洗净切碎。

3. 锅内放鲜汤烧沸，放入鳕鱼粒，加精盐烧沸后撇去浮沫。

4. 放入黄瓜粒、味精和胡椒粉，用水淀粉勾薄芡。

5. 淋鸡蛋清，撒香菜末，滴香油，搅匀起锅盛碗即成。

● 提示：

1. 鳕鱼肉粒拌上干淀粉焯制，使口感更滑嫩。

2. 控制好鲜汤与水淀粉的比例。

黄瓜鳝鱼汤

·原料·

黄瓜 200 克,
净鳝鱼肉 150 克,
姜片、葱节、精盐、
料酒、味精各适量,
色拉油 50 克。

·特点

汤清味鲜,鳝
鱼滑嫩。

● 制法:

1. 鳝鱼肉洗净,切成 5 厘米长的段。

2. 黄瓜洗净,剖开去瓤,切成 5 厘米长、筷子粗的条。

3. 锅内放色拉油烧热,下姜片和葱节爆香,入鳝鱼肉段爆炒,烹料酒,炒至七分熟。

4. 随即放入清水和黄瓜条,烧沸后调入精盐。

5. 再煮约 5 分钟,拣出姜片和葱节,放味精,出锅装入汤碗内即成。

● 提示:

1. 爆炒鳝鱼肉时加料酒,起到去腥的作用。

2. 煮制时间控制好,不宜过长。

黄瓜薏米羹

 原料

黄瓜 200 克，薏米 50 克，白糖、水淀粉各适量。

特点

香甜滋润，鲜美爽口。

● 制法：

1. 黄瓜洗净，刮去表面粗皮，切块。

2. 放入搅拌机内搅成泥。

3. 薏米淘洗干净，用清水浸泡 1 小时，控干水分。

4. 将泡好的薏米放入清水锅中，上火烧沸，再转小火熬至软烂。

5. 放入黄瓜泥，继续熬煮成稀粥状后，加白糖煮化，勾水淀粉，搅匀即成。

● 提示：

1. 薏米煮至开花口感才好。

2. 黄瓜也可切成均匀的小颗粒烹制。

黄瓜鸡丝汤

黄瓜 100 克，鸡脯肉 100 克，生姜 5 克，干淀粉 5 克，鸡蛋清 1 个，精盐、味精、胡椒粉、香油各适量。

特点

汤色洁白，嫩滑咸鲜。

● 制法：

1. 鸡脯肉切成细丝；黄瓜洗净，生姜去皮，分别切丝。

2. 鸡肉丝入碗，加鸡蛋清、干淀粉和少许精盐拌匀，待用。

3. 坐锅点火，添入适量水烧沸，放入姜丝和胡椒粉煮出味。

4. 分散下入鸡肉丝，滚沸后撇去浮沫，待鸡肉丝变色刚熟时。

5. 加入黄瓜丝，并放精盐和味精调味，淋香油，即可出锅食用。

● 提示：

1. 撇浮沫时转为小火，才能撇净。

2. 控制好鸡肉成熟时间和黄瓜丝下锅时间，确保美妙口感。

黄瓜蛤蜊汤

●原料●

　　黄瓜100克，蛤蜊肉干20克，姜末、精盐、味精、胡椒粉、鲜汤、香油各适量。

●制法：

　　1.将蛤蜊肉干用温水浸泡一天至回软，摘除沙包，洗净待用。

　　2.黄瓜洗净，纵剖为两半，斜刀切片。

　　3.汤锅上火，添入鲜汤烧沸，加姜末、精盐和胡椒粉煮出味。

　　4.再放入黄瓜片和蛤蜊肉略煮。

　　5.调入味精，淋香油，搅匀即成。

●提示：

　　1. 泡好的蛤蜊肉干不要过多漂洗，以免鲜味和养分流失过多。

　　2.把汤汁的味道调好后，再放入黄瓜丝和蛤蜊肉煮制。

特点

　　汤清味鲜，瓜脆肉嫩。

第五节　黄瓜之面食

黄瓜虾仁煎饼

 原料

黄瓜 300 克，面粉 200 克，鲜虾仁 50 克，鸡蛋 2 个，干淀粉 10 克，精盐、色拉油各适量。

特点

软嫩咸香，吃法新颖。

● 制法：

1.黄瓜洗净，用擦子擦成丝，放在盆中。

2.加入鸡蛋和适量水充分搅拌均匀。

3.再慢慢边加入面粉边用筷子调成稠糊状，加精盐调味。

4.虾仁洗净，挤干水分，加精盐和干淀粉拌匀上浆。

5.平底锅上火，涂匀一薄层色拉油，舀入一勺黄瓜糊摊成圆饼，撒上虾仁，翻煎至两面上色且熟透，铲出切块食用。

● 提示：

1.黄瓜擦丝时，要保留黄瓜的水分。

2.应边加面粉边搅拌，不要出现有水包干粉的小疙瘩。

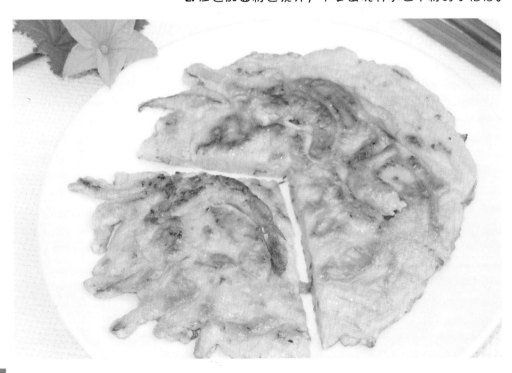

黄瓜爽口面

·原料·

圆面条 300 克，黄瓜 1 根，水发木耳 50 克，红甜椒半个，蒜瓣 25 克，精盐、味精、酱油、花椒面、麻辣油、香油各适量。

特点

冰凉筋爽，麻辣诱人。

● 制法：

1. 黄瓜洗净，切成 1 厘米见方的小丁，红甜椒去籽，切小丁；水发木耳摘洗干净，撕成小片。

2. 蒜瓣入钵捣成泥，加少许清水调澥后，再加精盐、味精、酱油、花椒面、麻辣油和香油调成麻辣味汁。

3. 汤锅上火，添入清水烧开，下圆面条煮至九成熟。

4. 再下木耳片和红甜椒续煮至熟，捞出用纯净水过凉，再放在冰水中泡约 10 分钟。

5. 将面条捞起沥水，装碗，放上黄瓜丁，淋上麻辣味汁即成。

● 提示：

1. 在煮面条的时间里把味汁调好。

2. 取适量凉开水入冰箱镇冷即冰水。

黄瓜鸡丝凉面

原料

鲜圆面条300克，嫩黄瓜100克，熟鸡肉50克，酱油、精盐、味精、葱花、香醋、香油各适量，色拉油15克。

特点

筋道，凉爽，鲜香。

● 制法：

1. 将熟鸡肉用手撕成不规则的丝状；嫩黄瓜洗净，切细丝。

2. 用酱油、精盐、味精、香醋、葱花和香油在一碗内对成味汁。

3. 锅置旺火上，下入圆面条煮至熟透，捞出过凉开水，沥干水分，与色拉油拌匀。

4. 装在碗内，浇上调好的味汁。

5. 放上黄瓜丝和鸡丝，食时拌匀即成。

● 提示：

1. 熟鸡肉用手撕的口感比刀切得好。

2. 圆面条一定要控尽水分，否则，会稀解味汁，口味欠佳。

麻酱黄瓜凉面

 原料

鲜面条250克，黄瓜100克，芝麻酱40克，韭花酱20克，蒜泥20克，精盐、味精、香油各适量。

特点

滑凉，筋道，麻香。

● 制法：

1. 黄瓜洗净，斜刀切片后，再切成丝。

2. 芝麻酱纳碗，分次加入80克温水顺向搅成稀糊状。

3. 再加蒜泥、韭花酱、精盐、味精和香油调匀成麻酱汁。

4. 锅内添清水烧开，下入鲜面条煮熟，捞出过凉沥水，与香油拌匀。

5. 取一净碗，挑入适量面条，放上黄瓜丝，淋麻酱汁即成。

● 提示：

1. 顺一个方向搅打麻酱，口感才光滑细腻。

2. 调出的麻酱汁要稀稠适度。过稠，食之腻口；过稀，挂不住面条，味道欠佳。

黄瓜猪手拌荞面

·原料·

荞面条 250 克，黄瓜 150 克，卤猪手半个，小青葱 2 棵，蒜瓣 10 克，姜片、葱节各 5 克，精盐、味精、生抽、醋、香油、辣椒油各适量。

特点

酸辣爽口，营养均衡。

● 制法：

1. 卤猪手去骨头，用刀切成小块。
2. 黄瓜洗净，切丝；小青葱洗净，切末。
3. 荞面条用沸水泡 10 分钟，过纯净水后沥尽水分。
4. 蒜瓣入钵，加少许盐捣成泥，调入精盐、味精、生抽、醋、香油和辣椒油成味汁。
5. 荞面和猪手各适量放在碗中，淋上味汁，撒上黄瓜丝和青葱末即成。

● 提示：

1. 荞面条用热水泡至无硬心即好。若过长则烂糊，口感欠佳。
2. 猪手切的形状不宜过大。

怪味黄瓜凉面

● 制法：

1. 黄瓜洗净，斜刀切片后，再切成丝。

2. 芝麻酱入碗，分次加入 80 克热水顺向搅成稀糊状。

3. 再加入精盐、花椒粉、白糖、酱油、醋、红油、味精、葱末、姜末、蒜末、熟芝麻和香油调成怪味汁。

4. 把细拉面条放在加有少许油的沸水锅中煮熟，捞出用纯净水过凉，沥尽水分。

5. 取一净窝盘，装入适量面条，放上黄瓜丝，淋上怪味汁即成。

● 提示：

1. 芝麻酱要先用热水调成稀糊后再加入其他调料。否则，芝麻酱不易调散调匀，从而影响味汁的风味特色。

2. 各种原料的比例要控制好，使各味均能呈现为妙。

腊味翡翠饺子

原料

面粉 500 克，嫩黄瓜 250 克，腊猪肉（肥三瘦七）150 克，糯米饭 150 克，鸡蛋 2 个，葱末 10 克，姜末 10 克，精盐、鸡精、花椒面、香油各适量。

● 制法：

1. 腊肉上笼蒸软，取出切成碎粒。

2. 黄瓜洗净，擦成丝后切碎，加少许精盐渍一下，用纱布包住，挤出汁液。

3. 糯米饭纳盆，加入腊肉粒、葱末、姜末、精盐、鸡精、花椒面和香油拌匀成腊味糯米馅。

4. 面粉纳盆内，放入鸡蛋液和黄瓜汁拌匀，再加适量清水和成软硬适中的面团，稍饧。

5. 把面团揉光后搓条下剂，擀成小圆皮，包入腊味糯米馅捏成饺子，下沸水锅中煮熟食用。

特 点

外皮筋道，馅心腊香，味美可口。

● 提示：

1. 腊肉不宜改刀后蒸或煮，否则腊香味不浓。

2. 黄瓜汁用于和面团，保留养分不流失。

黄瓜羊肉水饺

 原料

　　面粉 500 克，黄瓜 500 克，羊肉馅 250 克，洋葱 50 克，鸡蛋 1 个，姜汁 15 克，料酒 10 克，精盐、鸡精、酱油、胡椒粉各适量，香油 15 克，色拉油 50 克。

● 制法：

　　1. 黄瓜洗净，用擦床擦成丝后切碎，加少许精盐渍一下，用纱布包住，挤出汁液；洋葱切成末。

　　2. 羊肉馅纳小盆内，加料酒和黄瓜汁拌匀，再加入酱油、精盐、鸡精、胡椒粉、鸡蛋液、洋葱末和香油拌匀，最后放黄瓜碎拌匀成馅。

　　3. 面粉放在盆中，加适量水和成面团，稍饧。

　　4. 把面团揉光搓条，揪成小剂子，按扁，擀成圆薄皮，逐一包上黄瓜羊肉馅，捏成月牙形饺坯。

　　5. 逐一包完，下入到开水锅中煮熟即成。

特点

　　柔软滑嫩，味香可口。

● 提示：

　　1. 调馅时先把羊肉调好味，再加黄瓜拌成馅。

　　2. 可换成其他面粉制作，如荞麦面、黑米面等。

海米黄瓜蒸包

 原料

面粉250克，黄瓜250克，水发木耳50克，海米25克，鸡蛋2个，葱末、姜末、香菜末各10克，精盐、味精、花椒油各适量。

特点

味道清香，松软爽口。

● 制法：

1.黄瓜洗净，切小粒；发木耳拣洗净，切末；海米用热水泡软，剁末。

2.鸡蛋磕入碗内打散，用少量油在炒锅中炒熟盛出，剁碎。

3.将黄瓜粒、鸡蛋碎、海米末和木耳末共放在小盆内，加入葱末、姜末、香菜末、精盐、味精和花椒油拌匀成海米黄瓜馅。

4.面粉纳盆，加入泡打粉和干酵母拌匀，再加适量水和成软硬适中的面团，盖上湿布饧30分钟。

5.将面团搓成圆条，揪成10个剂子，擀成皮子，包入馅料，捏成包子形状，上笼蒸熟即成。

● 提示：

1.选用新鲜清脆的黄瓜，以突出馅料的清香味。

2.此馅料易熟，蒸制时间切不可太长。

翡翠软饼

面粉250克，黄瓜250克，鸡蛋2个，葱白10克，精盐、味精、色拉油各适量，胡椒粉少许。

特点

翠绿松软，清香清鲜。

● 制法：

1. 黄瓜洗净，去蒂和把，切成粗丝；葱白切成碎末。

2. 鸡蛋磕入碗内，用筷子充分调匀，待用。

3. 面粉放在小盆内，加入鸡蛋液、葱末、精盐、味精、胡椒粉和适量水调匀成糊状，再加入黄瓜丝调匀。

4. 平底锅上火烧热，涂匀一层色拉油，舀入适量面糊摊成饼状。

5. 待底面金黄、表皮定型时翻转，续煎至另一面上色且熟透，铲出食用。

● 提示：

1. 黄瓜用擦子擦成丝很方便，但会失去一些水分。故最好还是用刀切成丝。

2. 黄瓜含水分多，调好的面糊应稠一些。

黄瓜肉饼

◦原料◦

面粉250克，黄瓜150克，猪五花肉100克，精盐、葱花、味精、胡椒粉、色拉油各适量。

特点

焦嫩，咸香。

● 制法：

1. 黄瓜洗净，刮去表层粗皮，切成粗丝。

2. 猪五花肉剁成绿豆大小的粒。

3. 猪肉粒放在盆内，加入面粉、精盐、葱花、味精和胡椒粉拌匀。

3. 再加入适量水调成稠糊状，最后放黄瓜丝拌匀，待用。

4. 煎锅上火烧热，放色拉油布匀锅底，舀入一勺面糊摊成薄饼状。

5. 待翻煎至两面焦黄且熟透时，铲出即成。

● 提示：

1. 黄瓜丝在摊煎饼前加入为好。

2. 猪肉粒要大小适宜且均匀，使同时受热成熟。

松子黄瓜全蛋面

• 原料 •

全蛋面条200克，黄瓜100克，蒜末15克，樱桃西红柿5个，松子仁10克，精盐、胡椒粉各适量，色拉油25克。

特点

三色相映，咸香爽滑。

● 制法：

1. 将全蛋面条下入开水锅中煮熟，捞出过凉备用。

2. 黄瓜洗净切成大片；樱桃西红柿洗净，切成小瓣。

3. 锅内放少许色拉油和松子仁，以小火炒熟，盛出备用。

4. 原锅重上火位，倒入色拉油烧热，放蒜末炒出香味，下入黄瓜片和西红柿炒软。

5. 再放入全蛋面条，用精盐和胡椒粉调味，炒匀装盘，撒上松子即可。

● 提示：

1. 松子仁易煳，定要凉油入锅，小火炒制。

2. 煮熟的全蛋面条过水去黏液后再炒，吃着更爽口。

黄瓜小饭团

·原料·

大米饭 200 克，黄瓜 1 个，煮鸡蛋 1 个，火腿肠 50 克，柠檬汁、白糖、沙拉酱各适量，精盐少许。

特点

吃法新颖，酸甜可口。

● 制法：

1. 将大米饭内加入柠檬汁、白糖和精盐拌匀。

2. 小黄瓜洗净，用刨皮刀顺长削出一片片长而薄的黄瓜片。

3. 将剩下的黄瓜边角料切成小碎块，煮鸡蛋和火腿也切成小碎块，然后都放一个碗中加沙拉酱拌匀成沙拉。

4. 将米饭用手做成小饭团，装在盘中，然后取一片黄瓜片围住饭团。

5. 将拌好的沙拉用小勺子放到饭团的上面即成。

● 提示：

1. 酸甜口味的浓淡适合自己即可。

2. 团饭团时手上沾点水或油就不会粘手了。

3. 饭团应低于黄瓜的高度，便于装进沙拉。

羊肝黄瓜炒米饭

▶·原料·◀

　　大米饭 250 克，
黄瓜 150 克，羊肝
100 克，鸡蛋 2 个，
料酒 10 克，花椒数
粒、葱花、精盐、味
精、色拉油各适量。

● 制法：

　　1. 羊肝洗净，切成指甲大小厚片；黄瓜洗净，切扇形厚片。

　　2. 鸡蛋磕入碗内，加少许精盐调匀，用热油炒熟，盛出待用。

　　3. 锅内放油烧热，下花椒炸香取出，续下葱花和羊肝丁炒散变色，烹料酒。

　　4. 加入黄瓜片和精盐炒入味，倒入大米饭炒透。

　　5. 加入味精和炒熟的鸡蛋，续炒均匀，即可出锅。

特点

　　咸香可口，营
养丰富，米饭松软。

● 提示：

　　1. 羊肝必须选新鲜品，并且要洗净。

　　2. 黄瓜切的有一点厚度，吃时才会有脆度。

蚝油黄瓜炒饭

● 原料 ●

　　剩米饭 250 克，黄瓜 100 克，杏鲍菇、胡萝卜各 50 克，蚝油、姜末、蒜末、生抽、色拉油各适量。

● 特点

　　香味扑鼻，咸鲜滑爽。

● 制法：

　　1. 剩米饭用生抽拌匀。

　　2. 黄瓜、杏鲍菇和胡萝卜都洗净，切成小丁。

　　3. 热锅凉油，放入胡萝卜丁翻炒透明。

　　4. 下姜末、蒜末煸香，倒入杏鲍菇丁和黄瓜丁炒透，加精盐炒匀。

　　5. 最后倒入剩米饭，并加蚝油炒匀炒透即可。

● 提示：

　　先用酱油拌过剩米饭再炒，比炒米饭时再放酱油更加入味，且上色均匀。

黄瓜粥

 原料

　　大米 100 克，黄瓜 150 克，精盐少许，清水适量。

特点

　　色泽嫩绿，清香咸鲜。

● 制法：

　　1.大米拣去杂质，淘洗干净。

　　2.黄瓜洗净，顺长剖开，斜刀切成薄片。

　　3.净锅上火，添入适量清水烧开，下入大米待烧开后转小火煮约 20 分钟。

　　4.加入黄瓜片，再煮至汤稠、表面浮有粥油。

　　5.调入精盐，搅匀稍煮即成。

● 提示：

　　1.要选用鲜嫩的小黄瓜，切片应厚薄均匀。

　　2.加入黄瓜后不要久煮。

雪梨黄瓜粥

·原料·

大米 100 克,黄瓜 1 根,雪梨 1 个,山楂糕 10 克,冰糖适量。

·特点·

味道酸甜,清香袭人。

● 制法:

1. 大米拣净杂质,用清水淘洗两遍,控尽水分。
2. 雪梨洗净,去皮及核,切成滚刀小块;黄瓜洗净,切成小方丁;山楂糕切小丁。
3. 坐沙锅上火,添入适量清水烧开,放入大米煮沸,撇去浮沫,改小火煮 30 分钟。
4. 加入雪梨块煮 10 分钟。
5. 再加黄瓜丁、山楂糕丁和冰糖,续煮 5 分钟即成。

● 提示:

1. 雪梨块要提前放,让其味道充分渗透于粥中。
2. 黄瓜最后加入,确保其清香的口味。

黄瓜肉末粥

·原料·

　　大米、糯米各75克，黄瓜150克，猪肉50克，料酒5克，葱、生姜、精盐、胡椒粉、香油各适量。

特·点

　　肉末鲜香，米粥软糯。

● 制法：

　　1.大米与糯米混合洗净后，与6倍量的清水同入电饭锅煮粥。

　　2.黄瓜洗净，切筷头大小的丁；葱洗净，切碎花；生姜切末。

　　3.猪肉切末，加料酒、精盐、胡椒粉和生姜末拌匀，待用。

　　4.待粥煮稠后，放入猪肉末和黄瓜丁煮熟。

　　5.加精盐调味，撒葱花，淋香油，即成。

● 提示：

　　1.猪肉末分散入锅，受热后才不会黏结成团。

　　2.如果用老黄瓜煮粥，则又是另类口感。

黄瓜蒲公英粥

。原料。

黄瓜、大米各 75 克，鲜蒲公英 50 克，精盐适量。

特点

口感软糯，味道清香。

● 制法：

1. 黄瓜洗净，切成小片。
2. 蒲公英择洗净，用沸水略烫，再换水洗两遍，挤干水分，切碎。
3. 大米淘洗净，倒入电饭煲中，加适量水，如常法煮粥。
4. 待粥熟时，加入黄瓜和蒲公英，再煮片刻。
5. 加精盐调味，即可盛碗食用。

● 提示：

1. 蒲公英要选择鲜嫩的。若质地比较老，可提前入粥中煮制。
2. 也可不加盐调味。

黄瓜寿司

 原料

大米150克，糯米15克，小黄瓜2条，小火腿肠1根，鸡蛋2个，寿司醋20克。

特点

软中带脆，酸中带甜。

● 制法：

1. 大米和糯米洗净，入碗，加适量水蒸成米饭，趁热与寿司醋拌匀，晾冷待用。

2. 小黄瓜洗净，同腌萝卜分别切成小指粗的条。

3. 鸡蛋磕入碗中，加精盐和水淀粉充分调匀，在平底锅内摊成两张薄蛋皮，待用。

4. 鸡蛋皮平放于案板上，铺上一层厚约0.5厘米的米饭，再放上黄瓜条、腌萝卜条和肉松。

5. 然后卷起成圆柱状，切成小段，装盘即可。

● 提示：

1. 寿司醋市上有售。自制法是：取白醋300克、白糖250克、盐40克放进锅中，以小火搅拌至糖溶化即可。醋不可烧开，以免酸度减低。

2. 传统寿司外皮常使用紫菜卷，为降低嘌呤及草酸的摄取量，可用蛋类做成外皮来取代紫菜。

黄瓜火腿炒饭

大米饭 300 克，黄瓜 100 克，火腿肠 75 克，鸡蛋 1 个，精盐、味精、葱花、色拉油各适量。

色泽绚丽，味道咸香，清淡利口。

● 制法：

1. 黄瓜洗净，同火腿肠分别切 0.5 厘米的小方丁。

2. 鸡蛋磕入碗内，放少许精盐，用筷子充分打溮。

3. 炒锅内放少许色拉油，倒入鸡蛋液炒熟铲碎，盛出待用。

4. 炒锅重上火位，放入色拉油烧热，下葱花炝锅，入黄瓜丁略炒，加入大米饭炒透。

5. 再放火腿肠丁和炒好的鸡蛋，加入精盐和味精，续炒匀即成。

● 提示：

1. 焖好的大米饭要求粒粒分散。

2. 也可将鸡蛋液炒至半熟后倒入米饭同炒。这样，鸡蛋液会均匀地粘在米粒上。

酱肉黄瓜炒饭

·原料·

　　大米饭 500 克，黄瓜 100 克，酱肉 100 克，洋葱 25 克，精盐、味精、色拉油各适量。

·特点·

　　色泽美观，酱香味浓。

● 制法：

　　1. 黄瓜洗净，切成 0.5 厘米见方的小丁。

　　2. 酱肉切成小薄片；洋葱去皮，切成小粒。

　　3. 炒锅上火，注入色拉油烧热，投入洋葱粒炒香，下黄瓜丁和少许精盐炒一会。

　　4. 再下酱肉片略炒至吐油。

　　5. 倒入大米饭炒透，加味精翻匀即成。

● 提示：

　　1. 要选择有光泽、切面整齐平滑、结构紧密结实，有弹性和油光，并具浓郁酱香味的酱肉。

　　2. 酱肉有盐味，应注意加盐量。

海米黄瓜粥

·原料·

　　大米、小米各50克，黄瓜100克，海米15克，料酒10克，葱末、精盐、味精、香油各适量。

·特点·

　　色泽鲜绿，咸香味浓。

● 制法：

　　1. 黄瓜洗净，顺长剖开，切成厚片。

　　2. 海米拣净杂质，用加有料酒的温水泡发；大米和小米淘洗干净，沥水。

　　3. 净砂锅置于火上，添入清水烧开，下入大米、小米和海米。

　　4. 以旺火烧开后，打去浮末，转小火煮至米开花汤黏稠。

　　5. 加入黄瓜片，调入葱末、精盐和味精，稍煮即成。

● 提示：

　　1. 黄瓜切片不宜太薄，否则口感不佳。

　　2. 泡海米时加点料酒，以去除腥异味。

山楂黄瓜粥

·原料·

　　大米100克，黄瓜100克，鲜山楂50克，红糖适量。

·特点·

　　酸甜适口，消食降压。

● 制法：

　　1. 黄瓜洗净，切成小方丁。

　　2. 鲜山楂洗净，去籽后切成小丁。

　　3. 大米淘洗干净，控尽水分。

　　4. 汤锅上火，添入适量清水烧开，下入大米用小火煮约半小时。

　　5. 加入山楂丁和黄瓜丁续煮5分钟，调入红糖，即可食用。

● 提示：

　　1. 山楂以肉厚籽少、酸甜适度者为佳。如无鲜山楂，就用干山楂片。但必须先用水煎煮取汁使用。

　　2. 红糖用量要多一些，用于抑制酸味。

137

鱼肉黄瓜粥

·原料·

　　大米100克，净鱼肉100克，黄瓜100克，干淀粉10克，小葱5克，料酒、姜汁、精盐、味精、香油各适量。

特点

　　鱼肉滑嫩，粥黏咸香。

● 制法：

　　1. 净鱼肉先切成0.3厘米厚的片。

　　2. 黄瓜洗净，切成粗丝；小葱洗净，切碎。

　　3. 鱼肉纳碗，加入料酒、姜汁和干淀粉拌匀后，再加香油拌匀浆好。

　　4. 锅内添入清水烧开，下入大米，再次烧开后打尽浮沫，转小火煮粥。

　　5. 待粥将熟时，分散下入鱼肉和黄瓜丝稍煮，加精盐和味精调味，撒葱花即成。

● 提示：

　　1. 鱼肉上浆时用力要轻，以免抓碎。

　　2. 黄瓜丝和鱼肉不易长时间受热，应最后加入。

第七节　黄瓜之饮品

黄瓜汁

原料

黄瓜3根，蜂蜜15克。

特点

色泽碧绿，清香可口，沁人心脾。

● 制法：

1. 黄瓜用淡盐水洗净，控干水分。
2. 切去两头，再切成小块。
3. 放在榨汁机内榨取汁液。
4. 倒在杯中，加入蜂蜜。
5. 充分调匀，即可饮用。

● 提示：

1. 必须选取鲜嫩多汁的小黄瓜。
2. 也可不调入蜂蜜，慢慢品味黄瓜那股清香味道。

黄瓜蜜饮

 ·原料·

黄瓜50克，枣花蜜适量。

特点

清淡香甜，制法简单。

● 制法：

1. 黄瓜洗净，剖为两半，用小勺挖去籽瓤。
2. 再用斜刀切成薄片。
3. 放在保温杯内。
4. 加入蜂蜜，拌匀。
5. 再冲入开水浸泡片刻，即可饮用。

● 提示：

1. 宜选用偏温性的枣花蜜调味。
2. 此饮品适宜夏天口干舌燥、大便秘结者饮用。

黄瓜番茄汁

 ·原料·

大番茄1个，嫩黄瓜1根，蜂蜜15克，精盐1克。

特点

色泽悦目，甜酸适口。

● 制法:

1. 番茄洗净去皮，切成小块。

2. 嫩黄瓜洗净，切成滚刀块。

3. 将黄瓜块和番茄块一起放入榨汁机中。

4. 开动机器榨取汁液，倒入杯中。

5. 加入精盐和蜂蜜充分调匀，即可饮用。

● 提示:

1. 番茄和黄瓜的用量以 1:1 为好。

2. 此汁中加少许精盐，味道比不加的要好喝的多。

3. 此汁在夏天饮用，既有美容养颜的作用，也能消除疲劳，增加免疫力和抵抗力。

西芹黄瓜汁

嫩黄瓜 150 克,
西芹 50 克, 精盐 1 克,
纯净水 200 克。

特点

色泽碧绿, 味
道特别。

● 制法:

1. 西芹洗净, 放在开水中烫一下, 捞出过凉, 切节。
2. 黄瓜洗净, 切成小块。
3. 将黄瓜块和芹菜节放入搅拌机内。
4. 加入纯净水和精盐。
5. 启动开关, 打成汁液, 倒在杯中饮用。

● 提示:

1. 根据个人口味调整盐的用量, 也可以改蜂蜜调味。
2. 此汁有减肥和美容之效。

黄瓜西瓜汁

·原料·

小黄瓜 250 克，
西瓜瓤 200 克，蜂蜜
适量。

特点

色泽粉红，甘
甜味美。

● 制法：

1. 将西瓜瓤切成小丁，用纱布包裹，挤出汁液。
2. 小黄瓜洗净，切成小块。
3. 放入榨汁机内，榨取汁液。
4. 将西瓜汁和黄瓜汁一起放入杯中。
5. 加入蜂蜜调匀，即可饮用。

● 提示：

1. 如果用榨汁机制作，西瓜籽必须去除。
2. 黄瓜和西瓜瓤质地不同，故应分别制汁。

芒果黄瓜汁

·原料·

　　黄瓜 200 克，芒果 1 个，蜂蜜、纯净水各适量。

·特点·

　　本色本味，营养爽口。

● 制法：

1. 黄瓜洗净，刮去表层粗皮，切成 1 厘米大小方丁。
2. 芒果去皮及核，切成小块。
3. 将芒果丁和黄瓜丁一起放在搅拌机内。
4. 加入适量纯净水和蜂蜜，打成汁液。
5. 倒在杯中，即可饮用。

● 提示：

1. 要选取嫩小黄瓜，带皮榨汁更有营养。
2. 如果想喝到果蔬的颗粒状，打的时间短一点。
3. 此汁特别适合肥胖症、高血压和咽喉肿痛者食用。

蜂蜜果蔬汁

·原料·

黄瓜 200 克，香蕉、猕猴桃各 50 克，小番茄 10 个，蜂蜜、纯净水各适量。

特点

果味丰富，香甜味美。

● 制法：

1. 香蕉、猕猴桃分别去皮。
2. 黄瓜洗净，切块；小番茄洗净。
3. 将加工好的所有材料一起放在搅拌机内。
4. 加入适量纯净水和蜂蜜，打成汁液。
5. 倒在杯中，即可饮用。

● 提示：

1. 黄瓜中的嫩籽瓤，含维生素E较多，一般不要除去为好。
2. 所用果蔬本身含水分较多，加水量要少一些。
3. 此汁特别适合烦热消渴、咽喉疼痛、食欲不振、消化不良和肥胖者食用。

猕猴桃黄瓜汁

·原料·

酸奶 200 克，黄瓜、猕猴桃各 50 克。

特点

白中透绿，润滑酸甜。

● 制法：

1. 黄瓜洗净，切成小丁。
2. 猕猴桃去皮，切成小丁。
3. 将黄瓜丁和猕猴桃丁放在料理机内。
4. 倒入酸奶，搅拌均匀。
5. 倒在杯中，即可饮用。

● 提示：

酸奶在开启后，最好在 2 小时内饮用完。如想吃到黄瓜和猕猴桃肉的颗粒感，打的时间可短点。

燕麦黄瓜豆浆

·原料·

　　黄瓜150克，干黄豆50克，燕麦片50克，大米、小米各25克。

特点

　　清香四溢，润滑爽口。

● 制法：

　　1. 干黄豆提前用水发好；黄瓜切成小丁。

　　2. 大米和小米淘洗干净，沥去水分。

　　3. 将黄豆、燕麦片、大米、小米和黄瓜丁放入豆浆机中。

　　4. 加入清水至刻度线，安装好豆浆机的机头，接通电源。

　　5. 选择"果蔬豆浆"键，启动十几分钟，即可倒出食用。

● 提示：

　　1. 干黄豆泡胀使用，不仅口感好，而且营养也有所提升。

　　2. 如果用的不是全自动豆浆机，豆浆打好后应上火煮沸后饮用。

图书在版编目（CIP）数据

变着花样吃黄瓜 / 牛国平，周伟编著. — 长沙：
湖南科学技术出版社，2014.9
ISBN 978-7-5357-8095-9

Ⅰ. ①变… Ⅱ. ①牛… ②周… Ⅲ. ①黄瓜－食谱
Ⅳ. ①TS972.123

中国版本图书馆 CIP 数据核字(2014)第 205717 号

变着花样吃黄瓜

编　　著：牛国平　周　伟

责任编辑：戴　涛　郑　英

出版发行：湖南科学技术出版社

社　　址：长沙市湘雅路 276 号

　　　　　http://www.hnstp.com

湖南科学技术出版社天猫旗舰店网址：

　　　　　http://hnkjcbs.tmall.com

邮购联系：本社直销科　0731-84375808

印　　刷：长沙超峰印刷有限公司

　　　　　（印装质量问题请直接与本厂联系）

厂　　址：宁乡县金洲新区泉洲北路 100 号

邮　　编：410600

出版日期：2014 年 9 月第 1 版第 1 次

开　　本：710mm×970mm　1/16

印　　张：10

书　　号：ISBN 978-7-5357-8095-9

定　　价：32.00 元